保护·传承·共融

——历史城区内建筑更新设计方法研究

U0302587

BAOHU CHUANCHENG GONGRONG

——LISHI CHENGQU NEI JIANZHU GENGXIN SHEJI FANGFA YANJIU

高长征 著

中国水利水电出版社

www.waterpub.com.cn

内容提要

历史城区是一个城市历史文化的积淀，对它的研究一直是热点。本书从历史城区内建筑的更新设计入手，先是分析了历史城区、历史地段、历史文化街区等相关概念，然后分析了历史城区内建筑现状及特点综述、历史城区及建筑的保护更新理论、历史城区内建筑保护更新的措施和方法等，最后以河南浚县为例，对历史城区内的建筑保护与更新进行了实际分析。本书理论与实践相结合，语言使用精准、平实，是一本极具研究意义的著作。

图书在版编目（CIP）数据

保护·传承·共融：历史城区内建筑更新设计方法
研究 / 高长征著. -- 北京：中国水利水电出版社，
2015.6（2022.9重印）
ISBN 978-7-5170-3339-4

Ⅰ．①保… Ⅱ．①高… Ⅲ．①古建筑－文物保护－研
究－中国 Ⅳ．①TU-87

中国版本图书馆CIP数据核字(2015)第146063号

策划编辑：杨庆川　责任编辑：陈　洁　封面设计：马静静

书　　名	保护·传承·共融——历史城区内建筑更新设计方法研究
作　　者	高长征　著
出版发行	中国水利水电出版社 （北京市海淀区玉渊潭南路1号D座　100038） 网址：www.waterpub.com.cn E-mail: mchannel@263.net（万水） 　　　　　sales@mwr.gov.cn 电话：（010）68545888（营销中心）、82562819（万水）
经　　售	北京科水图书销售有限公司 电话：(010)63202643、68545874 全国各地新华书店和相关出版物销售网点
排　　版	北京鑫海胜蓝数码科技有限公司
印　　刷	天津光之彩印刷有限公司
规　　格	170mm×240mm　16开本　10印张　179千字
版　　次	2015年11月第1版　2022年9月第2次印刷
印　　数	2001-3001册
定　　价	36.00元

前　言

　　城市特色是城市的魅力所在，由于历史传统、自然环境、人文景观和地理条件不同，每个城市都会有自己鲜明的特点和优势。历史城区是一座城市的记忆，它承载着这座城市的文化积淀，是展示城市历史及魅力的灵魂之地。习总书记强调"要传承文化，发展有历史记忆、地域特色、民族特点的美丽城镇"，"要保护和弘扬传统优秀文化，延续城市历史文脉"，"让城市融入大自然，让居民望得见山、看得见水、记得住乡愁"。然而，中国的快速城市化进程对许多历史城市的发展提出了双重挑战。一方面，历史城市需要更新改造其破败的旧城区；另一方面，历史城市的城市建设和经济建设需要进一步发展。在这种情形下，许多地方采用大规模城市再开发的更新政策来达到上述的双重目的。不过，这种更新策略在为当地带来巨额经济收入的同时，也对历史城市的固有特征造成了许多无法挽回的破坏。如何协调处理好历史城区保护与发展的关系，一直是研究的热点。

　　浚县，古称黎阳，位于中国河南省北部、黄河故道的北岸，属鹤壁市，于1994年被国务院命名批准为国家级历史文化名城，是河南省七座国家历史文化名城中唯一一座县级国家级历史文化名城。由于多次带领学生开展古城认识调查，发现浚县古城无论其空间格局、建筑特征及遗存民居、传统文化风俗都具有较为独特的价值。方正的城墙和护城河，十字交叉的东西大街，遗存至今的县衙、文庙、文治阁、云溪古桥及传承至今的社火文化和泥塑文化都是彰显浚县城市个性、增强发展活力的重要支撑点。

　　本书以"保护、传承、共融"为关键词，内容大致可分为三个部分。第一部分梳理了国内外对历史城区及其相关概念的研究论述，分析了我国历史城区内建筑的现存的问题及所面临的危机，提出历史城区内建筑更新保护的紧迫性和严峻性；第二部分结合部分国内外优秀建筑更新保护的案例，介绍了当前形势下建筑更新保护中应用较大的理论和方法；第三部分选取浚县古城历史城区作为研究对象，从历史文化传承的角度出发，对它的历史沿革、建筑遗存、空间格局及环境特征进行了论述，并对浚县古城历史城区内建筑的更新和改造提出了保留、修缮、更新、新建等方法策略，以期达到新老对话、古今共融。

由于作者学识水平有限，书中难免存在不足之处，殷切希望广大读者批评指正。

作　者

2015 年 4 月

目　录

第一章　相关概念阐述

由于历史城区保护体系中的中观层面具有很大的探索空间，且操作性较强，因此引发了很大的关注，然而，中观层面概念近似的专业术语却很难区分开来。为此，本书收集整理了近年来国内外在该领域的相关研究资料，发现其中"历史城区"、"历史街区"和"历史文化街区"等概念较易混淆，所以很有必要对这些概念做出分析。

第一节　历史城区概述

一、历史城区的概念

（一）历史城区的保护概念

1987 年 10 月，国际古迹遗址理事颁布了《华盛顿宪章》，宪章对历史城区的保护开展了有针对性的说明，明确提出"保护历史城区与城镇"是保护、保存和修复这种城镇和城区，以及实现发展、适应现代生活的各种步骤。宪章还着重强调了历史城区，是"无论大小，其中包括城市、城镇以及历史中心或居住区，也强调自然和人造环境。"同时该宪章还扩充了历史古迹保护的概念和内容，即提出了我们现在所熟知的历史地段和历史城区的相关概念。

（二）我国对于历史城区概念的规定

2005 年颁布的《历史文化名城保护规划规范》明确提出了"历史城区"的定义，规定了历史城区概念的一般性和完整性。"城镇中能体现其历史发展过程或某一发展时期风貌的地区。包括一般意思上的古城区和旧城区，特指历史城区中历史范围、格局和风貌保存较为完整的需要保护控制的地区。"① 历史城区和文物古迹更为集中的历史地段与强调真实街坊生活的

---

① 单霁翔."从大拆大建式旧城改造"到"历史城区整体保护"——探讨历史城区保护的科学途径与有机秩序（中）[J]. 文物，2006，（6）：36—48.

历史街区相比较起来，历史城区一般来说具有较强的非匀质性，其内部不同地块的历史风貌现状差异较大，大量的历史建筑与非历史建筑相交错存在着。

二、历史城区的构成要素

物质环境要素和人文环境要素两大部分组成了历史城区。前者主要是指自然环境、人工环境，人文环境要素是指历史人物、民风民俗、宗教习俗及生产关系、生活方式等内容。

（一）自然环境

地质、地貌、水文、气候及土壤等因素组成了历史城区的自然环境，自然环境作为历史城区存在的地理背景，同时也是历史城区环境的重要组成部分。自然环境的不同主要是由不同的地域景观所引起的，不同的空间特征主要是由不同的区域地貌和气候条件所产生的不同的建筑风貌和空间格局引起的。例如：湘西独特的山水地貌，造就了凤凰古城山间暮鼓晨钟兼鸣，河畔吊脚楼轻烟袅袅，前后错落，似断似连的天际轮廓线（图1-1）。

图1-1　凤凰古城

（图片来源：http://pp.163.com/1059310871/pp/10880184.html）

（二）人工环境

历史城区的人工环境主要由街巷道路、建筑及其形成的环境、节点空间、文化古迹及其他历史遗迹组成，是历史城区环境及空间形态重要构成因素。

1. 建筑

建筑作为历史城区内传统文化的重要承载体，是构成历史城区的主要物质要素。不同的建筑风貌和不同类型的建筑风格是由不同的经济、地理、文化条件以及地域特征所引起的。例如北方的四合院、南方天井院、云南"一颗印"、客家土楼等（图1-2），独具一格的建筑风格，反映着各自区域的乡土文化特点。

图1-2　北方的四合院、南方的一颗印住宅

图片来源：http://zhangzhou.house.163.com/15/0206/10.htmlhttp://www.lvyou114.com/Youji/33/33952.html

我国古代建筑文化历史久远，博大精深。历史城区内建筑形式多样，年代久远，建筑文化更是多姿多彩。历史城区内部的历史建筑在建筑文化上大多注重风水，尊重自然，遵循封建礼制，经过了长期的与环境、社会、文化的适应，在建筑特色上全国各地各不相同，多种多样。

2. 街巷空间

街巷作为历史城区肌理的主要组成部分，不同的建筑体量和密集程度也反映出不同的肌理形式。院落形式又是组成街巷空间的重要结构部分，院落——街巷——空间这是个体系。要想保持历史城区的肌理，其中延续街巷空间是重点。

街巷空间不仅是历史城区文化特色的典型代表，也是其城区内居民生活状态的直接反映。在城区内的街道上，可以看到居民生活的点点滴滴，街道作为居民家庭化的场所，承载着居民的喜怒和苦乐，街巷空间反映着居民丰富多彩的公共生活，同时也体现出一种场所精神。

3. 节点空间

凯文·林奇在《城市意象》中，将城市景观归纳为道路（path）、边缘（edge）、地域（district）、节点（node）和标志（landmark）五大组成因素。他认为市民就是通过这五大景观因素去辨认城市的风貌特征，节点空间作为城市中空间过渡、角色转换、驻足停留或是辨认方向的地点而存在。在千篇一律的城市中，节点空间恰好起到节点和标志的作用。一个节点空间如果本身就具有鲜明的特色，那么来过这里的人就会产生认知地图，从一个路口到下一个路口，节点空间实际上是心理导航的重要标志。在历史城区中，广场和交叉路口，或者河道码头常常是空间节点，其尺度很小，形状不规则，另外村里公用的水井边甚至河边桥头等都可能成为人们聚集的场所。

4.文物古迹及其他历史遗构

不少历史地段内还有许多价值很高的文物古迹、历史遗构，如文庙、祠堂、牌坊、桥等，构成历史地段的空间节点与文化特征，是历史地段生活的重要见证。

（三）人文环境

《马丘比丘宣言》中提到："不仅要保护和维护好城市的历史遗迹和古迹，而且还要继承一般的文化传统，一切有价值的说明社会和民族特色的文物必须保护起来。"历史城区的人文环境可以是一个历史事件，一个人物，或者一段民间传说，民风民俗。

在历史城区内，作为人类聚集的文化载体，建筑和其周边的空间环境散发着独有的魅力。其中空间环境作为居民交往和文化娱乐活动的重要场所，反映着不同历史阶段下的社会关系，而具有重要意义。

三、历史城区的分类

依据建筑、风貌和空间格局的保存状况，可将历史城区分为以下三类[1]：

第一类，历史风貌保存完好：历史风貌整体基本没有被破坏，其中历史空间格局比较完整，其中大部分的历史建筑保留完好，非历史建筑与历史建筑之间冲突不大，非历史建筑与周边整体环境较为和谐相处。

第二类，历史风貌破损衰落：历史风貌依然保存，历史空间格局基本保持，但是非历史建筑在建筑高度、色彩、形式等方面都与历史建筑以及周边整体的历史环境有很大的冲突，且非历史建筑的质量较差。这种类型的历史城区内部历史建筑的整体比例相对较低，历史城区内部的环境受损较多。

第三类，历史风貌遗失：历史风貌很难辨认出来，有些历史空间的格

---

① 周俭，陆晓蔚. 历史城区的保护方式 [J]. 中国名城，2009，（4）：32—35

局依稀可以辨别出，但是大多数历史空间格局已改变且受损严重，历史建筑的数量很少，而且分布零散。

第二节　历史地段概述

一、历史地段的概念

（一）文献记载

1933 年颁布的《雅典宪章》，第一次提出"有历史价值的建筑和地区"[①]的保护问题，即"有历史价值的古建筑均应受到妥善保存，不可加以破坏"。该宪章并没有明确体现出历史地段的具体定义，也没有界定出历史地段的环境范围，但是它却给出了历史遗产保护的重要意义，为以后对历史地段的保护奠定了理论基础。

1964 年颁布的《威尼斯宪章》，首次界定出历史地段的定义，即"包括能够从中找出一种独特的文明，一种有意义的发展或一个历史事件见证的城市或乡村环境"。与之前颁布的《雅典宪章》相比，该宪章拓宽了对历史遗产保护的范围和概念，明确探讨了历史建筑的定义和概念以及对于历史地段的保护与修复，但是这时期提出的历史地段仅指文物建筑所在地及其周边环境。

1976 年颁布的《内罗毕建议》，指出"历史的或传统的建筑群和它的环境应当被当作全人类的不可替代的珍贵遗产"，将历史地段界定为"有价值的整体"的建筑遗产地区，肯定了历史街区的社会价值和历史文化价值，在法律、技术、经济和社会等多方面提出了对历史地段的保护做法，并强调对待街区的保护问题时，应该把保护与复兴结合起来。

1977 年颁布的《马丘比丘宪章》，指出"城市的个性和特性取决于城市的体型结构和社会特征"。因此，一方面要保存和维护好城市的历史遗址和建筑古迹，另一方面还要继承和发扬城市内部的文化传统，保护好一切有社会文化属性的和体现民族特色的文物，进一步将文物保护的范围扩充到对地方传统文化的保护上。

1987 年颁布的《华盛顿宪章》，指出"应该予以保护的价值是城市的历史特色以及形象的表现着特色的物质的和精神的因素的总体"。这确定

---

① 《雅典宪章》（清华大学营建学系译），北京，1951.

了历史地段的保护方法和原则，以及更大范围的历史城镇和历史城区的保护意义和方法。

综上所述，历史地段和历史建筑的出现都是伴随着历史遗产而提出来的，随着理论和实践的进一步发展，之后发展成为更广泛的范围，对具体的实践保护的指导作用也随之不断深入。

（二）历史地段组成要素

据国内外学者的研究的认识分析，人类活动、建筑物、空间结构和环境地带组成了历史地段。人类活动包括历史性传统和习俗；建筑物包括建筑物外部和内部的特点，尺度、大小、结构、材料和色彩，还有建筑物之间的空间；空间结构包括建筑物与空间的关系以及交通模式；环境地带包括历史性城市或地区与自然景观或人为景观的关系。

《华盛顿宪章》原则与目标第二条写道："尤其是由街道网和地块划分决定的城市形式；城市的建造房子部分、空地和绿地之间的关系；由结构、体积、风格尺度、材料、色彩和装饰所决定的建筑物的形式和面貌（内部和外部）；城市与它的自然和人造的环境的关系；城市在历史中形成的功能使命。"

在我国，除去以上所分析到的要素以外，其组成因素还包括历史地段内的人文因素；关注可持续发展、生态环境的保护与平衡等。

（三）历史地段旧建筑的概念

建筑作为历史地段的重要组成部分，构成了历史地段的空间结构和历史环境，并为人类的生活活动提供遮阴庇护。历史地段内的旧建筑的显然不全是文物建筑，包括具有重要价值的文物建筑和一般性建筑。文物建筑一般都是具有很高的历史价值和文化价值，然而一般性建筑尽管不具有很高的建筑价值，但是它为历史地段内绝大部分的人类活动提供了场所，人类的绝大多数活动都是围绕着一般性建筑展开，同时它也是构成历史地段整体空间的重要因素，所以一般性建筑也具有重要的社会价值。①

（四）国内研究在实践中的认识误区

1.侧重点

在国外对于历史地段的理论和实践研究的基础上，我国现阶段的实践，重点关注的多是文物古迹集中的地段，这些地段往往处于城市区位较好的

---

① 王更生.历史地段旧建筑改造再利用 [D].天津大学，2003.

地段，对于那些处于城区偏远位置或者区位不好的地段常常被忽略。被忽略的这些地段虽然现在的区位优势不明显，但曾经某段时期对城市的发展也是很重要的，也曾反映过去某一时期人类的社会生活状态，后来随着时间的流逝，由于种种原因衰落下去。此外，我国在现阶段对历史地段内建筑的关注多是建筑艺术价值、历史文化价值和学术研究价值较高的文物建筑，较少有人去关注那些历史文化价值较低的一般性建筑。

关注力度和对象存在着较大的分歧，其原因主要是对历史地段及其旧建筑价值的理解存在误区。

2. 历史地段及其旧建筑的价值

在西方早期对于历史地段的理论研究基础上，我国也对历史地段及其旧建筑提出了很多相关的概念和界定原则。从中可以看出，历史地段首先是要经过较长历史时期的积淀，并具有一定规模的范围区域，其范围内保留有较多的文物建筑或者是有着浓郁独特的地方特色风貌，使其区域内具有较高的研究价值。这些价值不仅仅是建筑艺术和生态环境方面的，也包括深层次的历史传统、文化情感以及社会经济等方面，在满足居民现代生活要求的基础上，更要考虑到能满足未来城市的多种需求，可以让历史学者进行研究，公众近距离了解历史，或者是城市政府以其谋发展等。

3. 对历史地段及其旧建筑价值的理解

历史地段中，文物古迹集中的地段往往在城市中占据较好的区位，例如旧城中心区，这些地段由于好的区位条件，被认定为将会有好的发展前景，致使其具有较高的商业价值。而那些不在城市中心区，或者是由于过去种种原因致使其没落的地段，往往因为其文物建筑数量较少，或是区位劣势，被认定为没有很好的历史文化价值和商业开发价值，导致其被认定为不属于城市的历史地段之列。

此外，具有较高文物价值的文物遗产、历史建筑地处历史地段内部，属于历史遗产的范畴，因为其本身较高的建筑艺术价值、历史文化价值和学术研究价值，被政府或规划部门划定为重点保护对象，进而得到了广泛的重视和保护。而那些一般性建筑由于其自身的劣势，常常被戴上有色眼镜，认为是没有任何的研究价值，而导致其衰落，置之不理。

再有，在城市中一般性旧建筑的数量庞大，而文物建筑、风貌建筑的数量很少。一般性旧建筑因为其规模大，是历史地段的重要组成部分，也是构成历史地段空间结构的重要因素。虽然不具备很大的建筑艺术价值和学术研究价值，但作为城市中大多数人类活动的场所，记载了人类生活中的点点滴滴，往往具有很高的社会属性和社会价值。我们所看到的城市风貌如果缺少了这些一般性建筑，将会变得干瘪而毫无生机。

最后，历史地段因为文物建筑、风貌建筑的特色赋予城市独特的魅力，而非历史地段由一般性建筑组成，也能够体现城市的传统和地方特色。在全球化发展的现代社会，这些一般性建筑也可以增强城市印象，延续城市文脉，推动城市发展。早在 1977 年的《马丘比丘宪章》中就已经提到这一点，可是在城市的发展过程中这些建筑已经变了味道。

因此，历史地段并不完全是文物古迹地段，也并不都是出于城市的中心地带，历史地段旧建筑也并不完全是文物建筑、风貌建筑。

二、历史地段内建筑改造再利用的相关概述

谈及建筑的改造再利用势必会想到保护的概念。西方关于保护、改造、再利用的相关概念有很多，常常很难去弄清楚相互之间的差异性。然而在中国传统观念中，对待城市与建筑的发展最常采用的是"除旧布新"的态度，这一点在古代朝代更替之时表现得尤为明显。这样一对比，中西方对待建筑的改造再利用以及保护方面存在着很大的差异，使得我们很难在汉语中将西方关于保护、改造等相关概念严格区分开来，这同时也反映了我们在文化观念上的差异。

（一）西方相关概念的词汇及基本含义

西方相关的一些基本概念有：保护、保存、修复、整治、改造、适应性使用、再利用等词，其基本含义可以具体理解如下[①]。

保护：保持文物原始状态。

保存：维持建筑遗产的现存状态。

修复：对文物或建筑进行维修，使其结构和形象都回到破损前的状态。可能需要移除后来的添加物或者是重建以前失落部分。

整治：修复到可以再利用的程度。在保持整体结构不变的条件下根据新的功能要求，对社区或建筑适当进行加建、扩建。

改造：着眼于满足新的功能需求，提高环境品质。

复制：具有价值的文化遗产面临无法恢复补救的破坏或遭受其所在环境的威胁时，它可能必须被迁移至更合适的环境中予以保存，并且为保持原地或建筑物的协调而以复制品取代。

此外，依据国家历史保护局和美国室内部标准，也有如下概念：

---

① 董卫.城市更新中的历史遗产保护[J]，建筑师，2000,（6）: 31—37.

修复："去除后来的改动，或恢复已消失的早期部分，从而精确的恢复一座有价值的旧建筑在一定时期所表现出的形式，细部及其模式的行为或过程。"

重建："一栋已经消失在历史上某一特定时期的建筑之材料、形式与外貌，以历史研究为依据的复制过程。"

整治："将一座旧建筑通过修理或改造，在保留其重要的历史、建筑和文化价值的特征的同时，实现有效的、现时的用途，这一转化的行为或过程。"

适应性使用："改变一座建筑物原有设计用途的过程，如将厂房改建成住宅。这些转化伴随着对建筑物的多样化的改造。"

（二）东西方关于保护、改造、再利用的不同理解

在西方，保护和改造再利用是两个不同的概念；在东方，保护和改造再利用常常被理解为同一个意思。

1. 西方

西方的做法是维持建筑物自身的永恒，如象征着生命永恒的埃及法老的陵墓。海德格尔曾说："在神庙的矗立中发生着真理。这并不是说，在这里某种东西被正确地表现和描绘出来了，而是说，存在者整体被带入无蔽并保持于无蔽之中。保持本身就意味着保护"。在这里，建筑找到了建筑自身的价值。在古代，保持建筑物自身的永恒，就意味着神与你同在，神可以庇佑人。这也是西方人将保护与改造再利用的概念严格区分开来的原因。

2. 东方

中国人把保护理解为改造再利用，却把改造再利用又理解为保护。《辞海》里对改造的解释是：另建、重建。似乎符合城市与建筑的发展过程中除旧布新的传统观念。传统意义上改造更多是注重空间功能的连续性，而不是建筑物本身的永恒性。中国人把建筑当作生活中的必需品，实用性较强。过上一段时间就将老建筑翻修一遍，换个面貌；当老建筑破损到一定程度时，也不再考虑是否整修，不假思索的直接推倒重建，在朝代更替之时，大拆大建、推陈出新达到顶峰。在中国的传统中，改造再利用就意味着保护，通过改造再利用来达到保护，保护主要是延续传统的场所精神。我国的很多传统的历史街区被改造为商业街，等等这些现象就是改造再利用的常见做法。

（三）保护与改造再利用的关系

1. 区别

（1）含义有所不同

保护有广义和狭义之分，广义的保护指代较为广泛，狭义的保护主要是针对历史遗产的保护；改造再利用同样也有广义与狭义两种，狭义的改造再利用主要是通过加建、扩建的方式，调整建筑内部空间。

（2）针对的对象不同

保护针对的是具有很大历史价值和文化价值的旧建筑，改造再利用针对的对象大多是一般性建筑。所以在适用性这一点上改造再利用表现得更为广泛。

2. 相同

保护与改造再利用二者拥有相同的出发点，都是为了让旧建筑的生命力以及历史文脉和人文精神都得到延续。改造再利用是以保护为前提的，使得旧建筑能够重新焕发生机。在历史地段中采用改造再利用的方式，改造历史地段内的旧建筑，使其传统文脉和历史文化能够更好地得以延续，并保护原有场所的历史文化与人文精神，所以改造再利用是对历史地段旧建筑的积极保护。

第三节　历史文化街区概述

"历史文化街区"的前身为 1986 年提出的"历史文化保护区"[1]，1997 年 8 月，建设部发文将历史文化保护区作为一个独立层次正式列入我国的历史文化遗产保护制度[2]，标志着我国覆盖宏观、中观和微观三个层次的遗产保护体系的雏形初步形成。2002 年，修订后的《中华人民共和国文物保护法》颁布，"历史文化街区""历史文化村镇"等概念取代"历史文化保护区"成为我国遗产保护体系中中观层面具有法律效力的概念。[3]而"历史文化街区"概念的提出及其从制度上与历史文化名城和文物建筑保护制度的接轨，标志着我国名城保护体系的真正建立。

---

[1]　1986 年国务院公布第二批国家历史文化名城时,明确提出要建立"历史文化保护区"。
[2]　王景慧等. 历史文化名城保护理论与规划 [M]. 同济大学出版社, 1999.
[3]　中华人民共和国文物保护法。

一、历史文化街区的概念

我国名城保护体系起源于20世纪80年代中期，并在2005年前后，"历史文化街区"的概念也初步形成，其概念建构建立在国际遗产保护领域重要概念"历史地区"和"历史城区"的基础上，概念演化历程可分为酝酿期、形成期和引进演化期三个阶段[①]（图1-3、图1-4）。

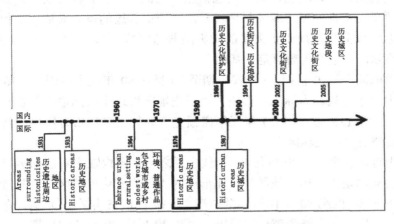

图1-3　国内外"历史文化街区"相关概念演化历程

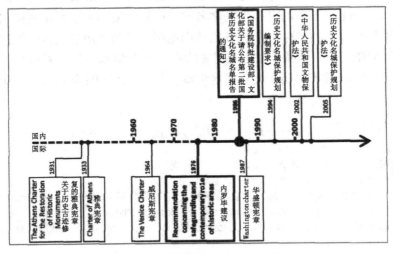

图1-4　概念对应的法规文件[②]

[①]　吴志强等.城市规划原理（第四版）[M].中国建筑工业出版社，2010.
[②]　图1-3、图1-4片引自：李晨于2011年发表在《规划师》的"历史文化街区"相关概念的生成、解读与辨析。

  酝酿期——20 世纪 30 年代至 20 世纪 70 年代初期。1931 年《关于历史古迹修复的雅典宪章》提出的"应注意保护历史遗址周边地区"[①] 可以被当作"将一个地区进行保护"这一观念的萌芽。1933 年的《雅典宪章》也提到"历史地区",但从相关条文看应理解为"受保护的古建筑所处的场地"[②] 及周边环境。1964 年《威尼斯宪章》提出的"历史古迹"的概念不仅仅包括单个建筑物,而且还包括能够见证"一种独特文明、重要发展或重要历史事件的城市或乡村环境","历史古迹的概念既适用于伟大的建筑艺术作品也适用于更大量的过去的普通建筑"[③],为面大量广的普通建筑进入历史遗产范畴奠定了基础。

  形成期——20 世纪 70 年代中期至 20 世纪 80 年代中后期。1976 年,以《内罗毕建议》为标志,形成了"历史地区"这个国际遗产保护领域中观层面的核心概念。[④]1987 年《华盛顿宪章》提出了城市范围内中观层面的重要概念"历史城区"。[⑤]

  引进演化期——20 世纪 80 年代中期之后。国内在中观层面最早发展起来的概念是由"历史地区"衍化形成的"历史文化保护区"。其雏形大致出现在 20 世纪 80 年代初期至中期[⑥],并于 1986 年在国务院公布第二批国家历史文化名城时被正式提出,而在 20 世纪 90 年代中后期被广泛使用。20 世纪 80 年代中期,在国内外相关概念影响下形成了"历史地段"概念[⑦];1994 年发布的《历史文化名城保护规划编制要求》正式提出"历史街区"概念[⑧],而 1996 年在安徽黄山屯溪召开的"历史街区保护国际研讨会"则使"历史街区"概念变得家喻户晓并在学术界广受采用[⑨];20 世纪 90 年代后期出现"历史文化街区"概念[⑩],并于 2002 年以新颁发的《文

---

① 关于历史古迹修复的雅典宪章(The Athens Charter for the Restoration of Historic Monuments, 1931)英文版
② 雅典宪章(Charter of Athens, 1933)英文版
③ 威尼斯宪章(The Venice Charter, 1964)英文版
④ 内罗毕建议(即《关于历史地区的保护及其当代作用的建议》,Recommendation concerning the Safeguarding and Contemporary Role of Historic Areas, 1976)英文版
⑤ 华盛顿宪章(Charter for the Conservation of Historic Towns and Urban Areas)英文版
⑥ 赵长庚. 历史文化名城和名区的一些规划问题 [J]. 重庆建筑工程学院学报, 1985, (3): 1.
⑦ 马丁·穆斯塔著, 陈志华译. 德意志民主共和国保护文物建筑和历史地段的原则 [J]. 世界建筑, 1985, (3): 68—69.
⑧ 建设部, 国家文物局. 历史文化名城保护规划编制要求
⑨ 1996 年 6 月 24—26 日, 在安徽省黄山市屯溪区召开了"历史街区保护国际研讨会"。会议由原建设部城市规划司、中国城市规划学会、中国建筑学会联合举办。
⑩ 荆瑰. 北京市限期完成 25 片历史文化街区保护规划 [J]. 城市规划通讯, 1998, (20): 4.

物法》为标志真正进入我国名城保护制度。2005 年《历史文化名城保护规划规范》（GB50357—2005，以下简称《规范》）发布，"历史城区""历史地段""历史文化街区"等成为我国名城保护体系中观层面的规范用语。

二、历史文化街区的构成

构成历史文化街区的内容包括物质资源和非物质资源两部分。

（一）物质资源

（1）街区肌理，主要包括空间形态、街巷道路、景观画面和重要标志区。
（2）历史遗迹，主要是指历史建筑，也包括遗址、桥梁、古树等。
（3）风貌基调，主要包括建筑形式、尺度、特征、道路铺地等。

（二）非物质资源

（1）文化资源，包括民间风俗文化、传统工艺等。
（2）社会资源，包括不同社会结构、宗教信仰、生产关系等。

三、历史文化街区的类型

历史文化街区特征的影响因素很多，所以对应的分类也有很多种。本书从历史文化街区的功能和所属城市位置两个方面入手，对国内历史文化街区进行分类。

（一）从城市特点和性质分类

从历史文化街区所处城市的特点和性质来分类，有以下几种类型[①]。
（1）古都型，以古时候具有代表性的历史遗存物、风景名胜为特点的历史文化街区，如北京、西安、洛阳、开封等城市。
（2）传统建筑风貌型，具有代表性的、年代久远的、保存完整的建筑群体的历史文化街区，如平遥、韩城、榆林等城市。
（3）风景名胜型，得天独厚的自然环境营造出来的个性鲜明的历史文化街区，如桂林、镇江、苏州、绍兴等城市。
（4）民族及地方特色型，民族由于地域差异、历史变迁而显示出来的地方特色或不同民族独特个性的历史文化街区，如泉州、拉萨、喀什等

---

① 以下分类方法引自：李志刚.历史街区规划的类型学方法 [D]. 华中科技大学，2001.

城市。

（5）近代革命纪念意义型，由于历史的某一事件或某个阶段的建筑物构成的历史文化街区，如遵义、延安、上海、重庆、天津等城市。

（二）从历史文化街区功能分类

从功能角度定义有三种类型。

（1）居住型，即以居住为主要的功能。

（2）商业型，即临街设商店。

（3）混合型，即临街商业、作坊、居住混合的街区形式。

四、历史文化街区的特征和价值

（一）历史文化街区的特征

城市的生活方式、景观特征、空间形态是在经历了几百年或者是上千年的时间发展而形成。国外很多国家历史不是很长，一个一百多年甚至几十年的石碑、一间老房子、一座小桥都被当作是文物被陈列在博物馆中，城市把这些行为当作是对历史的寻根。但是我国拥有 5000 年的发展历史，随便一座城市的历史都长达百年或者千年。然而我国的城市发展往往忽视这些难能可贵的文脉，而是盲目求外，寻求现代化建设。联合国教科文组织对于城市的开发和保护曾提出一项观点"一座城市在发展过程中，如果是一味地模仿其他城市的外表，最终损失的是自己"。历史文化街区对于保护城市特色，振兴民族文化有着重要的意义。

1. 城市特征

历史文化街区作为城市里面的街区，与城市街区有着共有的性质。第一，历史文化街区与城市里面的街道都发生着联系，具有一定的空间层次。第二，历史文化街区作为城市内部的中观元素，蕴含着城市的文脉，即传统文化、生活方式、社会制度和生产关系。第三，历史文化街区内部也存在着城市的一些问题：建筑密度大，交通拥挤，环境承载力受到限制；绿化、广场空间严重缺乏；卫生条件、环境质量不高。这些问题也是制约历史文化街区发展的影响因素。

2. 历史特征

历史文化街区，显而易见，其历史悠久，相比于城市一般的街区，历史文化街区是由一定规模的历史建筑组成，而且这些建筑都是真实存在的，并不是后期人为仿古建造的，同时这些建筑在整个街区中占有很大的比例，拥有一定的规模和数量，同时街区内部又保存有较好的物质环境。街区一方面作为城市发展过程中某一个阶段的产物，另一方面也承载着这个时期历史的发展印记和文化特色。对历史文化街区历史的认识和理解成为更新保护设计的基本前提，这不仅关系到整个更新保护工作的方针原则，也关系到其中诸多的细节问题。

3. 地域特征

不同的国家地区、地域特色、宗教信仰形成了不同的建筑风格和地域风格。以民居为例，民居更多的是反映人的主观意识，所以更具地方特色。合院式住宅作为中国传统民居的基本模式，经历了千百年的发展延续了下来，但是我国地域南北呈现出明显的差异，合院式在后期发展中并没有出现千篇一律的面貌，北方的四合院、南方的天景园、云南的一颗印、客家的土楼等等，这些建筑形式都是从现实的地理、气候条件、人文风俗出发，从而发掘出更具个性的属于自己的风格。在区域内城市千篇一律、建筑个性逐渐淡化的今天，正是各地千差万别的历史文化街区构成了鲜明的风貌特征。

4. 生长特征

历史文化街区区别于历史上曾经出现的但是现在已经成为废墟的历史地段最明显的特征就是其生长性，它必须具有顽强的生命力，才能随着时间的侵蚀一直承担城市功能。历史文化街区内居民的社会生活为其带来了生气和活力，如果一个历史文化街区不能够随时间而生长并为人们所利用，仅仅是刻意设计成一群演员表演的舞台，那么它就失去了生存的意义。一个真正有效和正常运转的历史文化街区是自然的和富有活力的。

经过以上对历史文化街区特征的叙述，要想界定街区是否归属于历史文化街区的范畴，首先考虑的就是它物质环境的整体性和街景风貌的真实性，另外其他标准是：

（1）有保存较好的文物建筑及传统建筑群为主体构成一定规模的地区。

（2）地段或街区的传统物质环境，即原有街巷格局、河道水系、建筑风貌等保存较完整。

（3）具有一定的历史、科学、文化价值。[①]

（二）历史文化街区的价值

我国《文物保护法》规定："具有历史、艺术、科学价值的文物受国

---

① 李其荣. 城市规划与历史文化保护 [M]. 东南大学出版社，2003.

家保护"，该条文明确了价值范畴包括历史、艺术、科学在内的基本框架，除此之外，历史文化街区还有其特定的社会价值和使用价值。

1. 历史价值

"老城市展示了人的尺度、个性化、相互关怀、手工技艺、美轮美奂和多样性这些在机器制造的、现代造型的城市中所匮乏的一切，后者只有单调重复及尺度巨大的特型"。[①] 目前，世界各城市几乎都一样，每个城市都已经失去了其自身的特性和文化魅力，在城市中生活的人们，也感到十分的失落和空虚。从历史文化街区中的建筑中，也反映了一系列的历史信息。历史文化街区也见证了一座城市的历史发展进程。

2. 艺术价值

历史文化街区有自身的美学价值，老的建筑和城镇拥有价值是因为它们本质上有着美的或"古典"的特征，也就是俗话所说的"物以稀为贵"。一个历史文化街区是由众多个单体建筑所组成，其呈现出的美感也是建筑组合产生的，而绝非其中任何一个特殊的建筑单独作用的结果。大多数的历史文化街区都经历了数百年甚至上千年的时间，它们都是由一系列不同时期、不同形式、不同建筑风格的建筑所组成，正是这些不同之处形成鲜明的对比，打破了由现代建筑的单一性而产生的乏味。

在亚历山大的模式语言理论中，主要包括两种户外空间："负空间"和"正空间"。[②] 当建筑物盖起来以后，余下的不规则的户外空间是"负空间"，即不成形的空间；当户外空间有明显而固定的形状时，这样的户外空间是"正空间"。历史文化街区建筑的多样性也会带来周边环境的多样性，大尺度空间与小尺度空间的对比，线性街道空间与广场空间的穿插，临街商铺与民居四合院的互补等，这些多样的空间丰富了整个街区乃至城市。

3. 社会价值

历史城区的社会价值在于人们生活于其中时建立起的社会网络，这种无形的网络形成了城区内人们生活的动力和依靠。一般来说，历史城区内的空间结构比较稳定，街区的空间尺度比较合适，具有人情味。同济大学冯纪忠教授指出："任何现存的居住环境，都不仅仅是物理对象的总和——它在自身之内包括城市居民的意志，是城市居民有意识活动的一种物化体现，正是这种文化因素的作用，使环境超越自身的物质结构和基质，形成一种潜在价值"。[③]

---

① 史蒂文·迪耶斯德尔，等. 城市历史街区的复兴[M]. 中国建筑工业出版社，2006.
② 黄凌江. 历史街区外部空间形成模式研究[D]. 武汉大学，2005.
③ 朱文龙. 西安老城历史街区的保护与更新研究[D]. 西安建筑科技大学，2006.

4. 使用价值

历史城区建筑和环境具有多样性，这也确定了其使用功能的多样性。例如，街道空间既承担着交通的功能，同时也具有一定的社会经济活动。历史城区经过"功能置换"，其中的文物建筑也被赋予了新的使用功能，例如有的成为博物馆、展览馆，有的成为旅游景点，临街建筑多被改造为商铺，其中的居住建筑仍然保持着其原有的使用功能。由此可见，历史城区不但拥有历史价值、文化情感价值和学术价值，更重要的是拥有使用价值。

历史城区所具有的各种价值作为现代人积极保护它的动力，也是对其进行保护利用的基础。它们与区域内部的经济在物质价值方面存在着紧密的联系，同时它的文化价值又构成了区域的历史文化环境。要想更好的发挥历史城区内部的物质功能价值，从而避免对其历史建筑的大拆大建，延续历史文化脉络，一定要正确的处理和评价历史城区的精神价值和文化方面的价值。

第四节　相关概念的辨析

一、相关概念的关联性

通过对上述几个概念形成过程、内容、特征的梳理，归纳总结出上述几个概念在衍化生成过程和归属范畴方面存在着一定的相关性。

概念衍化：1976 年颁布的《内罗毕建议》，首次提出了"历史地区"这个国际遗产保护领域中观层面的概念，后期其他概念在"历史地区"的基础上，衍生发展出来。其中，"历史文化保护区"和"历史文化街区"都是在"历史地区"在法律条文方面的不同限定的基础上形成的；"历史地区"空间环境范围的不同，又衍生出"历史城区""历史地段"和"历史文化街区"这几个相关概念。其中"历史文化街区"的概念在法律条文和空间环境范围这两方面有一定的交叉，既存在一定的法律效力，又代表着中观层面最小空间范围的概念。后来又出现了"历史街区""历史地段"的概念，这两个概念是由上面的"历史文化保护区"和"城市历史地区"后期衍化发展来的（图 1-5）。

图 1-5　概念生成关系

（图片来源：李晨."历史文化街区"相关概念的生成、解读与辨析.规划师，2011）

概念范畴："历史文化街区"是指经省、自治区、直辖市人民政府核定公布的保存文物特别丰富、历史建筑集中成片、能够较完整和真实地体现传统格局和历史风貌，并有一定规模的区域。《文物保护法》将历史文化街区界定为法律保护的区域，在学术上又称为"历史地段"。很明显"历史文化街区"概念依附于"历史地段"和"历史文化保护区"概念存在，"历史文化街区"是"历史文化保护区"概念分化之后形成的适用于城市范围的概念。综上所述，"历史地区"是一个范畴最广、包含内容最多的概念，其他概念都内含于"历史地区"之中，其中"历史文化街区"又内含于"历史地段"之中（图 1-6）。

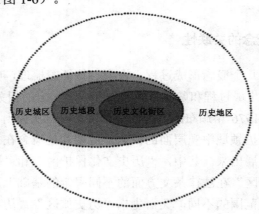

图 1-6　概念范畴

（图片来源：李晨."历史文化街区"相关概念的生成、解读与辨析.规划师，2011）

二、相关概念的差异性

在概念性质上，从概念的出处上可以将概念归纳为国内学术用语、法规用语和国际宪章用语，这些相关概念不仅在适应性、影响范围上存在不同，还在正式度、时效性等方面存在差异。其中，"历史城区"和"历史地段"是国内法规用语；"历史文化保护区"和"历史文化街区"属于国内法规用语，具有一定的时效性，在我国遗产保护领域的主干法《文物保护法》中有明确规定，2002 年修订后的《文物保护法》用"历史文化街区"概念替代了"历史文化保护区"概念。

在概念指代的空间范围上，"历史城区""历史地段""历史文化街区"和"历史街区"指代城镇环境中的某一特定区域[①]，而"历史文化保护区"和"历史地区"指代城镇和乡村环境中的特定区域。从指代对象的明确程度看，"历史文化保护区"和"历史文化街区"的区域范围是由政府部门根据相关法律条文规定，它们的边界由明确的法定文件来确定。"历史城区"往往因为古城墙和护城河等留下的痕迹而具有比较明确的边界范围。"历史地段"又常常因为新建建筑导致其边界模糊。"历史街区"概念所指代的对象不明晰，所以也没有明确的边界。

小结

历史之物经历坎坷留存至今，应不应该走向未来？该如何走向未来？对于任何一个有过历史的国家或城市，这都是它们必须面对的一个问题。人们需要通过某种物理上的标记方式，不断确认自己的身份，否则将失去对自身文化的认同，进而在回答"我是谁"的问题时变得困惑。因此，不管历史上留下的是些什么样的物件，陵墓也好，城池也好，哪怕是一口井一棵树，都成为标记物。然而，同已失去使用功能的其他遗存物相比，以居民为主体的城市历史城区扮演着十分特殊的角色。尽管面临着包括旅游、建设等来自于当代的经济压力，它们中的大多数仍然延续着悠久的历史，作为承载着居民居住的物质空间存在着。

在全社会都越来越强调文化的今天，他们开始注意到历史街区中潜藏的价值，于是围绕历史之物展开的各种策略手段开始涌现；或者是移植文物保护的做法将其作为静态的标本封存并展示；或者是打造成旅游区，注入浓厚的商业氛围；甚至是打造假古董，将历史街区作为舞台布景加以消费。然而不论哪一种，都从不同方面给历史街区在社会及传统文化方面带来了新的或者是更深的破坏。

一方面具有历史价值，另一方面仍然作为现实社会中的居住场所，这

---

① 李晨．"历史文化街区"相关概念的生成、解读与辨析[J]．规划师，2011，（4）27：100—103.

样的双重特性往往使得历史街区陷入尴尬的境地。对于一个古城的可持续发展最重要的，是要保护并发扬其文化内核，但是如今我们对于"文化"的定义过于宽泛，使用过于随意，在考虑历史城区可持续发展进程时视角反倒要离开"文化"二字，避免就事论事，反过来要审慎经济与社会的状况和需求。无论是以文化的名义，还是以社会的名义，历史街区都等待着新的发展方向的探索。为这些历史建筑给出基于现状的保护更新模式，显得迫切而艰巨。

第二章　历史城区内建筑现状及特点综述

第一节　历史城区及其建筑的现状

一、我国城市发展的历程

由于我国长期处于半殖民地半封建社会，自然经济占据主导地位，导致商品经济发展较慢，所以产业革命对我国城市建设的发展影响不大。我国很长一段时间实行计划经济，城市整体的发展速度相对缓慢，结构变化不大，历史城区的发展受到制约。1978 年改革开放以后，我国建立了市场经济体制，城市建设开始进入了快速发展阶段。

我国城市建设从 1949 年至今已走过了六十年的历程，其中漫长曲折的道路可大致分为三个发展阶段。[①]

（一）第一阶段：新中国成立到 20 世纪 60 年代中期

新中国成立初期，由于受连年战争和经济发展缓慢的影响，我国大部分城市发展都比较缓慢，尤其是居住区的居民，生活状况十分不好。所以，治理城市环境和改善居民生活条件成为当时城市建设最为迫切的任务。

一五计划（1953—1957）期间，经过三年的经济复苏，使得国民经济在根本上得到了转变。虽然工业生产在当时已经得到了快速发展，但是我国实质上还是一个落后的农业国，工业发展水平远远低于西方发达国家。在城市建设方面，根据当时我国的经济状况，城市建设充分利用原有的建筑和公共设施，采用以维修养护为主和局部更新扩建为辅的方法进行城市改造，这样不仅减少了资金的投入，而且对城市环境的改善和居住环境的提高起了积极的作用。但同时由于过分强调利用旧城，降低了城市建设标准，导致居住区与公共设施质量低下，为后来城市的更新改造埋下了隐患。

1957 年以后，城市建设在计划经济的指导下，借鉴前苏联的建设模式，

---

① 朱瑜葱. 城市历史地段空间结构更新研究 [D]. 长安大学，2010.

扩大改造规模，把重点放在改善城市居住环境条件，许多城市开始修建工人新村。受"八大"后冒进思想的影响，"二五"计划在制定和执行中出现了严重的冒进倾向。1958 年以来的"大跃进"运动和"反右倾"运动，造成国民经济比例严重失调，出现连年的财政赤字，人民生活十分困难，由于城市人口的急剧加大，加重了旧城的负担，居住环境日益恶化，加速了旧城的衰退。

（二）第二阶段："文革"十年

"文革"十年进一步加剧了城市建设的衰败，部分城市建设处于无政府状态，城市中到处见缝插针地建设新工房，乱拆乱建现象十分严重。同时，在这一时期历史文化古迹遭到严重破坏，公共绿地被侵占，市民聚居区环境质量更加恶劣。

（三）第三阶段：改革开放至今

改革开放之后，我国城市的对外开放程度大大提高，城市的规模继续扩张，同时配套的基础设施建设也随之加强，城市人口不断增加。这一阶段我国的城市化水平得到了快速的发展，经济实力显著增强，国民经济在城市经济建设的快速发展下得到了飞速提升。城市建设进入了快速发展时期。

与此同时，历史城区的更新也进入了崭新的发展时期。但是由于在这一阶段的前期，把城市建设的重点放在了调整城市用地结构和功能，解决城市住房问题的需要上。导致管理体制和经济条件被限制，从而在历史城区的建设和在保护城市环境与历史文化遗产方面的重视程度不够，建设项目中各种混乱现象出现，如各自为政、配套不全、标准偏低，以及侵占绿地、破坏历史文物等等。特别是在 1992—1995 年的全国房地产过热导致的畸形开发热潮中，最终导致了房地产的泡沫经济。在没有健全的规划体制指导下，大多数地方政府为了自身政绩的体现，对历史城区进行肆意的更新改造，这样就导致历史城区原有的物质和社会结构遭到了严重的破坏。

总的说来，我国改革开放以来对历史城区的更新和发展还是有很大的成就的，特别是在城市环境治理和保护、基础设施的完善和生活条件的提高等方面都有了长足的进步。现阶段我国城市面临城市化加速发展的关键时期，历史城区的更新保护需要长时间的规划和考验，我国应该根据自身城市的发展特点，发挥本土特色优势，找到适合自身城市特色的发展更新策略。

二、历史城区的现实状况

受城市发展的影响，历史城区的保护受到了新技术、新观念的不断冲击，历史城区的各种问题开始显现出来。

（一）风貌景观丧失特色

在我国，房地产商的不规范建设现象时常发生，房地产商为了自身的利益最大化，占据了历史城区内的大部分土地，绿地及公共空间遭到了严重的破坏，从而导致历史城区的整体风貌和特色无法保留。

（二）建筑老化、空间衰败

历史城区内的建筑多为老建筑，老化及损坏现象严重。从侧面反映出政府对历史城区的保护不够重视，无法进行及时的维护和保养，从而导致老建筑不能满足现代人对城市生活的需要，同时道路交通及公共基础设施也无法满足当前城市的基本要求，从而导致历史城区的发展越来越衰败。

（三）生态环境恶化

由于历史原因，城区内的人口密度本身就高，加之现代城市化的高速发展，导致人口进一步增加，但是城区的规模却没有扩张，从而造成历史城区内的人口密集，交通拥堵、生态环境恶劣，防灾能力极差。

（四）功能混乱失衡

功能分区混乱、建筑构成复杂是历史城区内的明显特征。主要原因是当时历史城区的规划不够成熟，并且在长期的城市建设中，建筑的使用功能往往会发生改变，例如居住类的建筑改成商业建筑等。在这种情况下，就会造成商业、居住、办公、金融等功能分区混乱的现象，使用功能的混乱又造成了土地利用得不到最大的发挥，从而导致资源的浪费。

（五）人文环境缺失

如今，我国有很多地方都已经完成了历史城区的更新改造，人们的生活水平和环境质量在改造后都有了改善，但是生活在城区之中的人们却少了一种情怀，居民找不到往日生活的痕迹，城区的人文环境感渐渐被时代抹去。而历史街区改造中最重要的恰恰就是人文环境和精神场所的维护。

第二节 历史城区内建筑存在的问题

一、历史城区及建筑面临的危机

在过去的计划经济体制下,历史城区的保护主要由国家统一管理,也就是自上而下型的管理。而在现阶段市场经济的引导下,对历史城区的保护则多采用自下而上型的方式,建设资金的来源由以往的政府统一投放转变为多渠道、多形式的合资方式,使历史城区的保护建设逐步进入市场化。而在这种市场化下,政府却始终缺乏对历史城区保护建设的政策法规,从而导致了历史城区建设的混乱现象,历史城区一步步失去了自身的历史感。同时历史城区无法形成动态的保护模式,无法与城市的总体发展相结合,导致我国在历史城区的保护上出现严重的两极分化。

在经济快速发展的城市,由于受市场利益的驱动,同时一些地方官员为了自身的政绩,打着旧城改造的旗号,公然违反城市建设和保护方面的法律法规,对历史城区进行大拆大建,最终把历史城区改造得面目全非,很多历史文化遗产被毁坏。保护和发展无法并存,历史城区改造中往往的结果就是只发展,不保护。在这种大拆大建的风气中,历史城区正在快速消亡,特别是一些历史街区和传统民居。比如北京的胡同、上海的石库门等等。

而在一些经济欠发达的地区,由于受政府资金投放不足的影响,他们很难有效地对历史城区建筑与街区进行有效的保护。即使这些地方的政府部门制定了相关的保护措施和法律法规,但实施的效果却差强人意。主要原因一方面是由于缺少资金的维系,另一方面地方居民的历史城区的保护认识不足,缺乏群众基础,政府无法集结大众共同保护,使得对历史城区的保护仅仅是一种政府行为。政府对居民缺乏号召力,其结果就是对城区造成较大的破坏,导致这些地区内部街区的衰败。在这些地区的历史城区中,建筑十分破旧,基础设施不完善,卫生条件很差,不能同现有的经济水平相协调。

表 2-1　我国近年来被毁古建一览表

年代	被毁的历史建筑	原因	备注
1992 年	银川鼓楼	宁夏商业快讯社在银川的区级文物保护单位鼓楼西侧建起了大型色彩广告屏	鼓楼为银川区级文物保护单位
1992 年 7 月	济南老火车站被拆除	某官员认为"它是殖民主义的象征，看到它就想起中国人民受欺压的岁月……那钟楼的绿顶子（穹窿顶）像是希特勒军队的钢盔……"	济南火车站具有 80 多年的历史，是济南标志性建筑，具有典型日耳曼风格、可与近代欧洲火车站相媲美
1993 年	四川宜宾百余米长的元明时期的古城墙	四川宜宾为建设四川省轮船客运站大楼等工程	
1993 年	西宁明代城墙被挖毁城墙 65 米，破坏墙体 1 万立方米	青海省机械厅擅自在明代城墙处多次施工	西宁明代城墙为市级文物保护单位
1995 年	成都长 100 米的明蜀王府皇城墙及城门遗存以及大型冶砖遗存总面积的 4000 平方米被毁	被成都市建筑机械公司全部铲掉挖毁	
1997 年	宣化古城 200 米的古城墙被拆毁，城墙基址 3000 多平方米被占用	宣化市蔬菜公司新建蔬菜交易大厅	宣化古城在明代是北方军事重镇，为河北省重点文物保护单位、升级历史文化名城，城池规模比现在的西安城还大
1997 年	安徽桐城市级文物保护单位"相府账房楼"被市荣军康复医院拆除		"相府账房楼"为市级文物保护单位
1998 年	无锡市"许氏既翕堂"	无锡市检察院改建办公楼	"许氏既翕堂"为无锡市文物遗迹控制保护单位

年代	被毁的历史建筑	原因	备注
1998 年	无锡"秦氏章庆堂、景福楼"被拆除	无锡市中级法院兴建高层办公楼	"秦氏章庆堂、景福楼"为市级文物保护单位
1999 年 11 月	樊城古城墙 58 米强行拆毁	襄樊市为了"名城形象工程"——汉江大道建设和房地产开发	樊城古城墙为樊城仅存的宋明时期古城墙
1999 年	全国重点文物保护单位遵义会址前的大面积历史街区建筑拆除殆尽	旧城改造	
2000 年	无锡"秦氏对照厅"将被异地"保护"	无锡市公安局要在附近兴建大型地下车库	"秦氏对照厅"为市级文物保护单位
2000 年 5 月	福州三通桥被炸毁	福州三通桥在房地产开发商的授意下被炸毁	三通桥为市级文物保护单位
2000 年	北京美术馆后街 22 号四合院	房地产商借口此院非"文物保护单位",没有保护价值,强行拆除	
1997 年、1998 年、1999 年、2000 年	舟山清典型建筑傅家大院、丁家楼、孙家店铺、胡家店铺、蓝府东厢房、忻家大院等相继被毁	舟山市政府以"旧城改造"为名,大面积破坏定海古城的传统历史街区和古居老宅	

二、突出问题透视

(一)城市规划设计体系不够完善

从我国现行的城市规划法律法规上来看,可以看出我国在城市规划和建设上的法律不完善。我国现行的城市规划法规有《城乡规划法》和《城市规划编制办法》,这两部法律缺少保障城市规划开展和实施性保障的内容。我国的法律专属性很强,内容和主题之间有着严格的逻辑关系,而现行的两部城市规划的法律无法系统的阐述城市设计的实施办法、理论思想等,所以这两部法律其实仅仅起到了宣传的作用,没有实质性的效果。

1998年深圳编制实施了《深圳市城市规划条例》，这是我国第一部将城市设计上升为法律文件的地方性法规。主要包含了城市设计的编制办法以及审议制度，为该市开展城市设计实践提供了可依托的法律条文，但是这样的城市仅仅是少数。

由于处于起步阶段，我国城市规划设计目前还存在着许多问题。绝大多数的历史城区，尤其是城市中心地段，在规划建设刚开始的阶段一般都进行过城市设计研究，但最终建成的城市空间形态与设计之初的构想相比较，这之间还存在着很大的不同，甚至建设的效果与最初的设计理念发生了严重的偏离。目前，在我国各大城市中，都在进行历史城区的改造工作，可以说城市设计正在慢慢地步入我国的城市建设系统。但是，城市设计的目标、层次、内容和成果形式等方面缺少相应的技术规范，城市设计的审批制度还不完善。总之，我国城市设计在城市规划体系中缺乏法律地位，许多的城市设计成果只是"纸上谈兵"而已，往往不能得到真正的实施。

（二）思想认识及心态

城市的一些领导者和管理者对历史城区缺乏清醒的、合理的价值和地位的认识。在其眼中的历史城区就是"脏、乱、差"的代名词，历史城区成了现代化城市风貌的障碍。为了体现自身在政绩上的贡献，再加上以旧换新的心理，历史城区建设采取大规模推倒重建的方式进行改造。

传统建筑是历史的产物，是古代劳动人民的智慧结晶。而现代建筑是现代文明和新型材料的有机结合，因此，单纯的仿古建筑已经丧失了传统意义。中国传统的历史城区不是仅仅靠几座仿古建筑就可以复制的，它更多的是中国历史文化的见证和象征。同时我们也不能完全否认仿古建筑，它在恢复城市记忆和增加历史建筑群的完整性方面起了一定的作用。

例如，在山西省大同市"云冈石窟周边环境综合治理工程"中，需要再现一条具有北魏街景的仿古街。因为现存北魏建筑已经不多了，所以设计就截取了《清明上河图》中一段，并按照其进行仿古街的打造。但是木质建筑却是水泥框架修起来的，已经丧失了"修旧如旧"的意义。因此在2009年8月20日，国家文物局紧急叫停了正在建设的"云冈石窟周边环境综合治理工程"（图2-1）。类似这样仿古街伤害真古街的现象时有发生，很多真古迹已是无可挽回的被破坏。

如果相关领导者有正确的认识，"假古董"数量会大大减少。

图 2-1 云冈石窟周边环境综合治理施工情景

（图片来源：http://blog.sina.com.cn/s/blog_48e7575e0100ekc3.html）

（三）片面追求经济效益，改造方法简单化

现阶段，城市的更新和发展在社会主义市场经济背景的刺激下，已经成为我国国民经济的主要支柱产业之一。它所具有的低投入、高产出、高收益的特点带动了房地产等市场的发展。但是，以在利益至上为基础的商业经济理念下，大量的历史城区的历史脉络在城市建设过程中已经被破坏殆尽，使其历史文化价值及文化特色丧失。从这一层面来看，城市的建设和更新对历史城区的保护构成了十分严重的威胁。

在城市的大规模更新改造过程中，开发商为了短周期达到高效益，将各种问题简单化解决。同时由于城市更新改造的规模较大，所以在监管上也有一定的难度，各种违法行为及现象时常发生，这样历史城区的特色就难以保留。如何在城市更新改造和社会经济之间找到平衡点是我们当前面临的共同问题。

对历史城区"大拆大建"的改造现象在 20 世纪 90 年代还时有发生。例如，广州旧城改造就给人们留下了惨痛的教训，在历史城区内大建高楼，其历史文化遭到严重的破坏。广州恩宁路骑楼的改造就引起了市民的强烈关注。恩宁路改造地块位于多宝街中部，东南延伸至十甫路，西北与多宝路、龙津路交接，与上下九商业步行街毗邻，总面积 11.37 万平方米，是昔日正宗西关大屋的会集地，区域内保留有完整连续的骑楼，以及八和会馆、金声电影院等老广州记忆深刻的文化场所（图 2-2）2007 年改造之初，尽管市长已经表态，将保存恩宁路骑楼街，留存文化记忆，但有专业人士发现，规划还没批准就宣布招商，大片的民宅仍要被拆迁开发新楼，似乎老城区改造试点片的建设思路依然跳不出大拆大改的"怪圈"。因此有了"恩宁路改造依然是"大拆大改"之说。好在事隔 3 年，2009 年 12 月 21 日恩宁路旧城改造规划方案亮相，摒弃"大拆大建"，形成六大功能分区。改造效果究竟如何，人们都拭目以待。

图 2-2　老广州的八和会馆、金声电影院

（图片来源：http://blog.sina.com.cn/s/blog_4760532c01008q16.html）

另一种对历史城区的改造虽然完整地保留了历史城区内的建筑，但是提出了将原有居民完全迁出历史城区的构想，然后将民居改造成为旅游性质的建筑。这种方式大多被一些以旅游为主导产业的城市所采用，虽然这样做可以增加旅游景点和当地的财政收入。但是同时也失去了历史城区的生机和文化气息。

例如浙江省乌镇，他们的做法是将所有的原住居民迁出，整个镇区作为一个旅游景点承包给旅游公司进行统一的管理运作，虽然古镇格局依旧，但却失去了往日的生活气息，除旅游服务人员外街道上行走的尽是匆匆而过的游客（图 2-3）。

图 2-3　乌镇

（四）理论单一，缺乏有效的指导方法

由于我国规划理论的单一，使得我国在历史城区的更新改造中过分注重控制性指标的数据，这仅仅解决了表面上的物质空间形态的问题。而城

市的建设改造涉及了包括社会、经济、人文等诸多方面的问题，需要综合性全方位的考虑，认清各要素之间的相互关系。

改革开放以来，国内外的交流日益频繁，国外先进的规划理论和思想值得我们去借鉴，但同时也要充分考虑是否适合我国城市建设的需要。我国的城市规划体系中一直存在着理论研究和实践脱节的现象，归其原因就是我国缺少一个实践操作的平台，缺少法律法规的约束，最终导致理论和实践彼此分离。国外规划界已经通过完善立法、工作方法等手段使这种脱节一步步缩小，我国规划界由于缺少有效的工作方法的指导，虽然有众多的理论研究，最终仍无法实现。

（五）规划师自身的问题

在城市改造实施过程中，由于规划师自身的问题同样也会导致负面的更新改造结果。

张庭伟教授曾经说过，城市规划师是从事城市规划业务工作的专业技术人员，他们具有普通社会人、知识分子和规划专家三种社会身份。[①] 首先，规划师与其他普通的社会成员一样，他们关注自身工作和收入状况。我们经常能够看到不同的城市却拥有着相同的景观，使得我国的城市千篇一律，缺乏自身特色。主要原因是有些规划师为了自身收入的考虑，急于完成任务，调研不够深入，考虑问题简单化，回避深层次问题。规划师是受过高等教育的高级知识分子，一定要具有强烈的社会责任感。如果一旦丧失了这种责任感，那么他们在规划设计和管理的过程中必然会忽视对弱势群体的关心，失去社会公平。而规划师恰恰应当重视社会公平，对历史城区的改造中的各建设主体进行协调，对城市中各种群体的各种利益进行维护和权衡，促进城市发展和城市建设的自由平等。另外，规划师虽然要重视书本中的知识和各种规范，但同时也要注重公众的参与，如果不注重普通群众的意见，在实际工作中只会照章行事，不能随机应变，规划师就会丧失了自身尊严和对科学追求，让自己成为只会例行公事的机器。

除此之外，规划学科的发展始终存在着一种倾向，即作为对社会发展需求与社会问题的回应，规划学科在不断拓展自身所涉及的领域，始终处于动态变化之中。规划与社会密切相连，随着社会的不断变化，规划师必然要不停地给自己新的定位。

---

① 张庭伟. 转型期间中国规划师的三重身份及职业道德问题 [J]. 城市规划，2004，28(3)：66—72.

第三节　历史城区更新的动因

一、社会经济快速发展的要求

刘易斯·芒福德曾指出："真正影响城市规划的因素是深刻的政治和经济变革"。纵观近现代城市规划史，每次重大城市规划事件的起因都是社会经济发生了重大变革。城市历史城区也正是因为受到巨大社会经济变革的强烈冲击，才迫切地需要更新和改造。

受世界经济发展趋势的影响，中国的经济将迎来一个重要的发展时期。我国城市化进程加速发展，各种设施的建设投资不断增加，因此社会对服务业的需求也就变得越来越大，并且伴随着我国在住房、医疗、教育等方面的改革，势必会对第三产业有着强大的推动作用。所以要大力发展第三产业，而第三产业需要适合其发展的空间，历史城区位于城市的中心地带，是发展第三产业的首选用地，但是历史城区由于其历史原因的限制，导致空间匮乏，不能满足第三产业的发展，所以历史城区的更新改造问题已经迫在眉睫。

二、土地资源有限发展的要求

虽然我国土地辽阔，但人均耕地面积仅有 0.11 公顷。我国在土地利用上，采用粗放式的管理，这种模式造成了土地资源利用率过低，同时破坏了大量的自然资源，影响了社会经济的可持续发展。近年来，随着城市化进程的加快，城市建设用地逐步扩大，研究表明，城镇用地规模增长速度与城市常住人口增长速度之比，只有控制在 1.12 才比较合理，然而我国1951—1980 年和 1981—1995 年的城镇用地系数分别高达 1.31 和 1.91。随着我国城市化进程脚步的加快，中国国务院发展研究中心问题专家韩俊预计到 2040 年，中国农村人口将只有 4 亿人，而城镇人口将超过 10 亿，所占比例也将从之前的 45% 上升至 70% 左右。如此快的城市化进程导致了城市建设步伐的大大加快，原先的开发模式已经不能解决眼下的问题了。因此，在新一轮的城市建设中，城市历史城区的更新改造成为重中之重。

三、生活水平显著提高的要求

在未来的一段时间内，我国的各大城市将进入到快速发展阶段，人民的生活水平将有很明显的改善。然而，历史城区由于经历了数百年的洗礼和考验，在建筑质量、基础设施和生活环境上都无法满足现代人对日常生活的需求。在此背景下，政府部门应积极把改善城市历史城区面貌，完善市政基础设施，创造良好的居住环境当作城市建设的重要目标。人们迫切需要全面复兴历史城区，再造活力街区。

第三章 历史城区及建筑的保护更新理论

第一节 对建筑更新的认知

一、对"建筑更新"的理解

"建筑更新（Architecture Renewal）"是一个合成词，又可以当成"建筑"和"更新"两个层面来作以分析。从字面上来看，"建筑"是一个名词，"更新"则是一个动词，而"建筑更新"一起，更侧重的是更新，建筑只是一个定语，也是城市和街区里面的一分子。荷兰海牙市（Hague）于 1958 年 8 月召开的城市更新第一次研究会上提出，城市更新（Urban Renewal）是指"生活于城市中的人，对于自己所住的建筑物、周围的环境或通勤、购物、游乐及其他的生活设施，有各种不同的希望与不满。对于自己所住房屋的修理改造，街路、公园、绿地、不良住宅区的清除等环境的改善，有要求及早施行。尤其对于土地利用的形态或地域地区制的改良，大规模都市计划的实施，以便形成舒适的生活、美丽的市容等，都有很大的希望。更新的方式可分为重建（Redevelopment）、整建（Rehabilitation）及维护（Conservation）三种。"[①]

二、历史城区内有待更新的建筑的认知

本书的研究对象主要是针对历史城区内的现有建筑，历史城区内的建筑往往具有其自身的特殊性。接下来，就其建筑类型和建筑特征做了更进一步的阐述。

（一）历史城区内建筑的类型

在《历史文化名城保护规划规范》中，将历史城区中的建筑分为以下

---

① 苗阳. 建筑更新之研究 [D]. 同济大学，2000.

几种类型^①。

（1）文物保护单位：我国在 2002 年 10 月 28 日修订通过的《文物保护法》中，将文物建筑定义为："具有历史、艺术、科学价值"和"与重大历史事件、革命运动或者著名人物有关的以及具有重要纪念意义、教育意义或者史料价值的"建筑。

（2）保护建筑：主要是指具有较高历史、科学和艺术价值，规划认为应按文物保护单位保护方法进行保护的建（构）筑物。

（3）历史建筑：有一定历史、科学、艺术价值的，反映城市历史风貌和地方特色的建（构）筑物。这类建筑一般不包括恢复重建、仿古、仿制建筑。不包括文物保护单位中的建筑物和构筑物以及保护建筑。这类建筑物、构筑物数量较多，是历史文化街区的主体，保护的方式应当是保存外表，改造内部，改善居住条件，与保护建筑的保护方式有所不同。

（4）与历史风貌无冲突的一般建（构）筑物：该类建筑绝大多数是新建筑，其中新建筑的外观和历史建筑尚属协调。

（5）与历史风貌有冲突一般建（构）筑物：街区内具有传统特色的危、旧建筑以及与传统风貌不协调的现代建筑。对这类建筑可以采取整修、改造和拆除的方法。

（二）历史城区内建筑的特征

1. 层级特征

历史城区——历史文化街区——建筑，这是一个由"宏观"到"中观"再到"微观"的过程，三者形成了一个"纵向"体系，在整个体系中，建筑只是其中的一个单元。换言之，建筑与历史城区、历史文化街区之间是一个整体和部分的关系（图 3-1）。

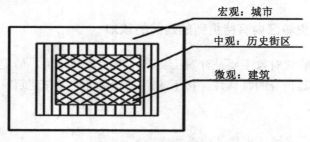

图 3-1　建筑更新等级

（图片来源：张旖旎.历史文化街区内建筑更新设计方法的研究.西安建筑科技大学，2007）

---

① 王景慧，等.历史文化名城保护理论与规划 [M].同济大学出版社，1999.

历史唯物主义告诉我们，整体与部分之间相互依存，没有部分，就不会有整体；没有整体，部分也无法存在。整体和部分之间相互作用。部分不能离开整体而独存；整体没有部分也不复存在。因此，建筑更新应该放在街区甚至城市中进行考虑。[①]

2. 多样特征

历史城区的形成和发展离不开历史的历练，在封建社会中后期，街巷制已经开始出现，城市内部的个体商业和个体手工业也逐渐兴盛，居住区、商业区以及一些混合功能区同时存在。处于我国内陆的陕西，城市商业主要分布在道路的两旁，其目的主要是经商，在道路两侧打造商铺，形成当时的商业"街"；接下来在商铺的后方修建作坊或住宅。可见建筑是构成整条街区最基本的单元，建筑纵向发展形成"街"，然后以街道为中心向周边辐射，最终形成"区"。因此，城区是由街道和建筑共同组成的，建筑—街道—城区三者是"点"、"线"、"面"的关系。

3. 地域特征

各地域街区构成了当地具有地域特色的风貌特征，这些特色主要体现在当地的建筑风格和建筑空间。建筑的地域性主要是指：在某一时期、某一地区内，建筑拥有着共同的设计、构造、材料和组织方式，反映出当地的历史风貌特色以及该城市、该地区的自然环境特色，人文环境特色和社会环境特色。

第二节 历史城区内建筑改造再利用的原因

一、城市更新发展的影响

（一）英国 20 世纪中期大规模改造运动的影响

1. 清理贫民窟运动的背景

20 世纪中期，历史城区的问题随着工业化城市的逐渐衰退和人口数量的不断下降导致矛盾不断出现。英国率先开始了通过清除贫民窟的方式来改造历史城区。当时的主要做法是采用高层住宅和工业化建筑技术，然而，

[①] 张旖旎. 历史文化街区内建筑更新设计方法的研究 [D]. 西安建筑科技大学，2007.

这一做法后来被彻底否定了。

2. 大规模清理运动的后果

（1）安置住房的质量普遍存在问题

由于安置住宅主要多位于偏远地区，且多为高层建筑，建筑结构很差，产生的费用也都比较大。这一系列的原因都导致很多家庭会认为他们原来的住处相对更好，虽然在居住环境上设施不够完善，但是日常生活却非常方便，因此在他们看来，新居不如老房子好！

（2）清除范围扩大到质量较好的住房

英国清除贫民窟的策略在规划界中也引起很大的争论。因为涉及的不仅是质量差的住宅，还牵扯到了许多质量较好的住宅。因此，许多专家和民众都认为，现有的这些住宅结构还很好，稍加修葺，仍然可以居住和使用。

（3）城市风貌特色的丧失

贫民窟地区被清除重建完成后，昔日维多亚利城区的内部路网，路两边的两层联排，以及街边的商店和酒吧等风貌特色都消失殆尽。取代这些的就是那些所谓"有规划的"高、中层住宅社区商店区。"街道"这一概念也不复存在。如此，随之而来的问题就是：环境保护、文化继承以及如何保留有悠久历史的地域特色。

3. 选择改造再利用的原因

由于改造力度太大，所需的资金太过于庞大，政府将无力承担，导致当地人的安置成了问题，如此一来，原先的老房子才有可能被保留下来。

上述改造也造成了当地人的外迁，导致城区内人口数量下降，城市可能衰落，为避免这一现象，所以应当优先考虑整修那些原先质量不错的旧建筑。

（二）美国 20 世纪 30-50 年代清除贫民窟运动的影响

1. 20 世纪 30 年代清理贫民窟运动

（1）20 世纪 30 年代清理贫民窟运动的背景

二战后，在美国许多城市中，出现了人口和就业逐渐郊区化的现象，导致人口和财富的大量流失。针对这种情况，美国采取的方式是重新再开发和清除贫民窟。这样造成的结果就是大量的历史建筑被拆毁。

（2）大规模清理运动的后果

由于外城中产阶级居住区的居民强烈反对，所以公共住房只能在贫民窟地区，特别是在黑人聚居区。这样做只能使种族隔离的现象加剧，新的种族矛盾就会产生。

2. 1949 年的城市更新政策

（1）城市更新政策

1949 年美国在住房法中规定了各个住房机构的工作。其中城市更新署以清除贫民窟为主要工作目标。

（2）更新后果

在政策实施后的 15 年时间里，美国用于城市更新的花费就达到了约 30 亿美元，城市中的贫民窟被清除，取而代之的是明亮的新建筑。这样一来，美国的城市低造价住房的供应量降低了。城市更新来源于 1949 年的住房法，主要目的是清除贫民窟，然而中心商贸区逐渐复苏。之前的贫民窟 85% 是用来居住的，但在更新之后的地方，大部分用地都被用来作为商业、办公的高层公寓。

3. 20 世纪 70 年代邻里复兴的出现

20 世纪 70 年代后，美国出现了一种新的城市更新策略，即"邻里复兴"。"邻里复兴"主要是强调的是城区内部的"自愿式更新"，这样既给衰败的邻里带来了活力，又同时解决了居民外迁的问题，在社区结构上变得更加灵活。1974 年《住房和社区发展法》（HCDA）的颁布，进一步促进了"邻里复兴"计划的实施。在美国政府经过了十几年的推行和实验之后，当地的居民在生活水平和生活质量上都得到了很大的改善，邻里更新计划的成果显著，美国的历史城区慢慢地开始复苏。

（三）当今城市更新发展的选择

发达国家的城市改造中，城市更新的侧重点发生了改变，居民生活环境的改善和新鲜元素的注入逐渐取代了大拆大建的风潮。城市更新也由此进入了崭新的阶段，改造再利用成为潮流，节约了大量的建设成本，并为城市的经济发展做出了重要贡献。

1. 可以利用文物的旅游资源

在历史城区内有大量的文物古建筑和具有历史时代感的建筑，它们具有很高的历史文化价值，同时也充分体现当地城市特色、社会风貌、地域风貌和人文景观。

2. 能够更好地调配城市结构

城市结构的优化调整是城市更新的主要手段。配置好当地资源，可以使民众快速地进入到自己的生活节奏中去，也使得废旧的历史城区得以恢复，有效地带动了城市经济的快速发展。

二、全球性经济及信息化发展的影响

随着全球经济一体化的加剧，世界各地的城市之间进行着激烈的霸权竞争。这样的竞争使各大城市在如何体现自身地域特色上的诉求更大，这也是世界各城市在更新改造上所面临的共同话题。

（一）城市竞争的产生

20 世纪 90 年代以后，计算机通信技术的快速发展，以及其带来的全球性经济和信息化的发展，世界上各大城市之间的流通网络一体化和消费生活文化一化也随之被快速推进。因此，城市居民的"集团意识"也逐渐形成，这样就产生了城市间的竞争。

（二）创立城市品牌

在满足上述条件之外，构筑有个性的"城市名牌"决定了城市竞争的胜败。在此过程中，历史城区所具有的历史建筑和文化遗产起到了极其重要的作用，历史城区在各城市的竞争中起了决定性的作用。

地标，对构筑城市意象具有重要的作用，它是能够代表某一城市特性的建筑物。根据场所的不同，地标可以是古代建筑、近代建筑或现代建筑。而在历史城区中，历史建筑占据居多，而它们恰恰满足了地标所需要的所有条件。

在城区中，适当的文化服务公共设施，不仅能够充实城市的空间结构和机能，而且可以提高城市意象的文化层次。在历史城区中，把这些历史旧建筑加以改造再利用，是很好的提高公共设施水平的方式。

在塑造城市个性的过程中，以建筑单体或街区风貌的形式可以提升城市的整体文化和精神，因此保留历史街区的整体性是进行旧建筑保护和再利用的基本准则，它不仅提升了城市意象的文化层次，而且突出城市的地域特色，增强城市的名牌力量。

三、社会文化情感的影响

（一）社会文化心理的影响

1. 艺术与社会心理的一般规律

社会心理所具有的相互性和原始性，是人们在日常生活和相互交往过程中自发形成的，体现在某一时间和空间范围内的舆论、思想、潮流与时代精神上。艺术是以一种特殊形态存在于社会意识形态中的，它用具体形象来表现抽象的世界，因此艺术与社会心理之间相互依赖，这种关系更为直接、密切、明显，艺术是社会心理的体现。

社会心理是复杂多变的。不同对象的社会心理是不同的。在一个时期中，有以前残留下来的心理形态，还有新兴的心理状态，当时，艺术观念和艺术创作也会随着社会心理状况的变化而变化。

2. 20世纪末期社会风尚

近20年来，怀旧心理体现在众多方面。它的出现与工业化发展有着必然的联系，在经历了工业化的人们，往往会更加怀念历史传统给他们带来的心理上的愉悦，所以城市应该让他们找回属于他们的记忆。

（二）历史文化情感的影响

1. 历史城区旧建筑具有多方面的价值

内在的价值：属于其自身的纪念意义；外在的价值：主要指城市规划的环境，历史城区旧建筑在其周围环境中所受的支持。

历史城区不仅包括外在价值，比如说体现在建筑的质量、风格形式上面，还包括人们内在心理价值，主要体现在历史城区内人们对自身生活环境和场所的情感上。把它们拆除了，人们的历史记忆也将随之消失了，他们的情感也就慢慢地变淡。

2. 人们对审美的追求是变化的

历史城区的旧建筑是历史的沉淀，它们的历史文化信息体现在建筑的结构类型、材料装饰、空间形式以及环境氛围。直到现在来看，这些历史建筑和文化信息是符合当时的审美标准的。

当今社会是一个多样化的社会，文化信息也必然是丰富多样，即使受到全球化的影响，但是民族的、历史的、地方的才是最重要的。因此对历史城区旧建筑不能够随便的拆除，这种做法不仅不符合历史多元化的需求，而且历史城区一旦被拆除，新建后的城区则需要人们长时间的接纳。

事物的更新换代是不可避免的，但新的事物也不可能将旧事物完全的取而代之。只有新老的不断结合，才能带给人们对历史传统的无限回忆和对美好新生活的憧憬。

四、生态、节能的影响

（一）环境向着生态节能、可持续发展的方向发展

随着城市化进程的加速，人们已经逐渐意识到自然环境资源保护的重要性，在城市更新的发展进程中，城市已经开始自觉地向着节能、生态、环保的方向发展，如何处理好城市中人与自然之间的和谐共处的关系，尽可能寻找一些能够减少材料与能源损耗、减少城市垃圾与环境污染的有效方法是当前城市的发展方向。

（二）改造再利用真正体现了可持续发展的要求

如今，在城市发展的过程中，如何处理大量旧建筑，已经成为城市发展所必须要面对的问题，尤其是在历史城区内的旧建筑。

合理的改造与再利用是对历史城区中旧建筑一种切实可行的有效方式。对旧建筑的改造再利用既可以避免政府的大拆大建，同时又可以节省大量的资金和资源，也不会产生太多的污染与浪费，而重建却需要大量的人力物力。因此城市走"可持续发展"道路是切实可行的。

第三节　国内外历史城区内建筑保护更新研究

一、国外相关研究分析

近年来，随着城市化进程的飞速发展，许多具有城市历史文化的宝贵资源已经被破坏殆尽，更有不少建筑物受到人为破坏，这样一来，城市的特色与风貌特征将不复存在。因此在城市建设快速发展的今天，如何保护这些历史遗产，乃至历史城区将成为至关重要的事情？虽然城市的建设与历史遗产的保护看似一对矛盾体，但是二者确是相互依连、相互促进的，只要处理好这一关系，城市才能够综合协调的发展。"他山之石，可以攻玉"。在这一方面，我们可以借鉴西方国家在这方面的做法。

（一）理论基础

1933 年 8 月国际现代建筑学会在雅典通过的《雅典宪章》，首次指出"有历史价值的建筑和地区"的保护问题；1964 年 5 月"国际古迹遗址理事会"

通过的《威尼斯宪章》中，扩大了文物古迹的概念："不仅包括单个建筑物，而且包括能够从中找出一种独特的文明，一种有意义的发展或一个历史事件见证的城市或乡村环境"。《威尼斯宪章》对欧洲近百年历史的文物进行了有效的保护，表明文物保护工作可以成为一门新的学科，并拥有自己的理论；1976年，在内罗毕的联合国教科文组织大会上通过了《关于历史地区的保护及其当代作用的建议》，简称《内罗毕建议》，指出历史地段的内容："史前遗址、历史城镇、老城区、老村庄、老村落以及相似的古迹群"；并延伸了"保护"的内容，即"鉴定、防护、保存、修缮、再生、维持历史或传统地区及环境，并使它们重新获得活力"。

1987年，在华盛顿由国际古迹遗址理事会通过的《保护历史城镇与城区宪章》，又称《华盛顿宪章》，它对《内罗毕建议》进行了概括和提炼，并着重补充了《威尼斯宪章》中所给出的保护"历史地段"的概念。不仅定义了"历史文化街区"："不论大小，包括城市、镇、历史中心区和居住区，也包括其自然和人造的环境。它们不仅可以作为历史的见证，而且体现了城镇传统文化的价值"，同时还列举了历史文化街区中应该保护的内容："地段和街道的格局和空间形式；建筑物和绿化、旷地的空间关系；历史性建筑的内外面貌，包括体量、形式、建筑风格、材料、建筑装饰等；地段与周围环境的关系，包括与自然和人工环境的关系，地段的历史功能和作用"。

1998年，在苏州召开的中国—欧洲历史城市市长会议上通过的《保护和发展历史城市国际合作苏州宣言》，提出要制定合理的保护政策，更新保护历史城区，并尊重其真实性。

2005年，在中国西安召开的国际古迹遗址理事会第15届大会通过了《西安宣言》。针对古建筑和古遗址的保护，提出以下观点："要认识到环境对历史建筑、古遗址和历史地区的重要性，认识到历史建筑、古遗址或历史地区的环境，是其重要性和独特性的组成部分。除实体和视觉方面含义外，环境还包括与自然环境之间的相互作用，以及非物质文化遗产方面的利用或活动。"

（二）实践状况

伴随着以上理论的出现，经历了近一个世纪的时间，西方国家对历史建筑的保护和更新慢慢地由不成熟走向成熟。历史建筑的更新再利用在20世纪经历了三个发展阶段。[①]

①　袁泉．苏州历史街区内建筑保护与更新研究[D]．上海交通大学，2009．

第一阶段：是指 20 世纪初至 20 世纪五六十年代这一时间段历史建筑的发展。其探索性实践侧重在于以先锋性的现代姿态与手法，大胆的改善其固有艺术理念。建筑遗产的保护已经从其艺术手法的创新扩展到对建筑质量的关注。虽然《威尼斯宪章》是建筑保护进入一个新时期的标志，但它并没有从本质上解决历史建筑的保护与利用之间的关系。

第二阶段：是指 20 世纪 70 年代中期以后这一时间段历史建筑的发展。从此，建筑保护由以往更多地与城市对抗，纯粹福尔马林式的保存迅速转化为以再利用方式积极参与城市建设与社会复兴。[①] 在这期间，大量废弃的工厂、码头、火车站被重新改造为住宅、博物馆、旅馆等；但是这一阶段更大部分精力被用于单体建筑的保护更新，城市特色也在逐渐消失。

第三阶段：是指 20 世纪 80 年代中期至今这一时间段历史建筑的发展。这一时期是欧洲城市复兴的重要时间段，构成城市复兴运动的主线变成了历史地段和建筑形态的更新。主要是因为：一是政府通过对历史建筑的更新改造，来改善城市中心区的生活质量，增加中心区域的吸引力；二是随着国家内部各产业结构的转型，城市的商务、娱乐以及休闲功能凸显，中心地区居住环境、传统文脉和文化氛围成为当地发展的潜力；三是旅游业的迅猛发展，也确保了各景点对当地具有历史性的建筑进行保护更新与利用。

综上所述，西方发达国家对于历史城区的保护与更新经历了一个从仅仅保护少数建筑艺术品，逐步扩展到与人民生活息息相关的历史街区乃至整个城市的过程，同时由保护物质实体扩展到非物质文化遗产的过程。

二、国内相关研究分析

（一）理论基础

表 3-1　国内历史建筑主要理论和内容整理

时间	具体时间	要点分析
建国初期	梁思成先生与陈占祥先生共同提出《关于中央人民政府行政中心区位置的建议》，即"梁陈方案"	关于北京古城的整体保护方案被否决

---

① 陆地. 建筑的死与生——历史性建筑再利用研究 [M]. 东南大学出版社，2004

续表

时间	具体时间	要点分析
1982 年	国务院首批公布了 24 个国家级历史文化名城	在保护内容中首次提出了保护历史文化名城的"传统风貌"，正是引入国际上通行的文物保护观念和保护方法，拓宽了文物建筑保护的范畴
1985 年	我国成为《保护世界文化与自然遗产公约》缔约国	
1991 年	都江堰召开题为"历史地段保护与更新"的年会	会议建议制定相应的规定、条例、规划保护原则，采用保护、整治和必要的更新相结合的方式来进行保护
1996 年	黄山会议召开	明确指出"历史文化街区的保护已经成为保护历史文化遗产的重要一环"
1997 年	建设部转发《黄山市屯溪老街历史文化保护区管理暂行办法》的通知	明确指出"历史文化保护区是我国文化遗产的重要组成部分，是保护单体文物、历史文化保护区、历史文化名城这一完整体系中不可缺少的一个层次，也是我国历史文化名城保护工作的重点之一"
1998 年	国家历史文化名城研究中心在同济大学成立	我国第一个专门研究名城保护的常设机构
2005 年	建设部颁布了《历史文化名城保护规划规范》	文中对历史文化名城、历史街区及相关的保护与整治的方法做了进一步的规范和定义
2008 年	国务院公布了《历史文化名城名镇名村保护条例》	

（二）实践状况

和西方国家的不同之处在于，国内在这方面的实践起源较晚，从 20 世纪 80 年代至今，关于历史城区内的建筑保护更新大致可以分为以下三个阶段。

第一级段是 20 世纪 80 年代这一段时期，对于整个城区的整治主要是针对城区内部老化的物质改造，城市当年发展的重点是以开发新区为主，老城区在资金紧缺的情况下，立足于改善生活环境。仅仅针对破旧区域进行改造利用，至于建筑保护更新方面，采取单个保护，只有少量珍宝建筑遗存才会被改造保护再利用。

第二阶段是 20 世纪 90 年代时期，这一时期的城市发展中心在于经济发展，城市在追逐经济效益的同时，主要侧重于城市的经济发展，忽视了历史城区及历史建筑的保护，导致了在城市内对历史建筑的大拆大建，在此过程中大量的历史建筑会被破坏。

第三阶段是 20 世纪 90 年代至今，无论城市环境、基础设施还是生活条件等都有了不少提高，城市发展开始进行结构性的调整，对于历史城区也不再是大拆大建，城市发展更加注重塑造精品，追求城市独有的文化价值。老城区及历史建筑的保护更新愈发频繁，且历史文化遗产保护与再利用的范围也涵盖了大量的一般性建筑。

（三）典型案例

在国内，根据城市的发展定位不同，各城市对历史城区内建筑的保护也逐渐地形成了一些模式，这里列举了具有代表性的三种。

1. 功能置换型的还原性保护——上海新天地广场

位于卢湾区淮海中路东段南侧的上海新天地（图 3-2），总占地面积 2.97 公顷。上海石库门居住区是新天地的前身。石库门原有待保护的民居建筑始建于 20 世纪初，既保留有海派文化影响下的西方建筑元素，又富有中国传统民居特色，是上海地区具有代表性的历史文化街区，这里的建筑大都老旧，建筑结构落后，不是最具有保护意义的石库门建筑。改造之后，上海新天地被打造成了一个国际化娱乐中心，集餐饮、购物、休闲、文化为一体。其更新特点包括：强势资本、功能置换，建筑面积达 5.8 万平方米，投资 13 亿，每平方米建筑面积的投资将超过 3 万元。在改造过程中，新天地优越的地域优势被充分发挥，通过"功能置换"，单一的居住功能被引入商业性文化，每平方米售价 2000 美元，获得了良好的经济效益。

在此改造更新的过程中，"昨天、今天、明天"的设计理念被合理地运用：既保留上海石库门的历史传统风貌，又在老肌体中注入了新肌体，这些新肌体运用了实体形态，但在材料上，更加注意更新建筑"可读性"和时代感的体现。

在整个设计更新改造过程中，设计师保留了 44% 的具有较高历史价值的老建筑以及传统的里弄肌理的，同时通过拆除违章乱建的旧建筑，使之形成了内外贯通、外紧内松的空间格局环境。

另外，还有很多地方采用了这种保护模式，例如北京什刹海的"酒吧一条街"、南京的 1912、杭州的西湖新天地等。

图 3-2　改造前后的上海新天地

2. 传统形式的现代演绎——北京菊儿胡同

这类建筑改造吸取现代的一些设计手法，用抽象的表达手法，对历史建筑赋予新的设计理念，有效的延续了城市肌理。该模式的设计理念是以现代形式还原传统建筑。

国内较早的采用现代建筑的表达方式来表现传统建筑的设计项目之一是北京的菊儿胡同改造，"类四合院"这一概念被吴良镛教授以具体的形式引入到人们的认识中，同时也第一次尝试"有机更新"理论（图 3-3）。

图 3-3　北京菊儿胡同

（1）按照房屋质量，可以将原有建筑分为三类：一是 20 世纪 70 年代以后建成的质量较好的房屋，可以予以保留；二类是现存较好的经修缮可以加以利用的四合院；三类是需拆除重建的破旧危房。

（2）在可以拆除的房屋中，按照经济上的可行性，从最破败的 41 号院开始，分期实施"开发单元"。

（3）新住宅均按照"类四合院"模式进行设计，维持了原有体系，结合了单元楼和四合院的优点，合理的安排每一户的室内空间，同时还满足了居民对现代生活的需要；打造供居民交流的公共活动空间，营造和睦相处的居住气氛。

（4）新建筑的高度几乎均为 2～3 层，在其局部也考虑设计阁楼和地下室，容积率大约控制在 1.2 左右，居住环境比较宜人，另外在造型、材料、色彩等方面既对传统有所传承又有所创新。

3. 功能保留型的还原性保护——苏州同里古镇

该模式是一种较为原生态的保护模式，既需要保护城区中人们生活方式不变，又需要历史建筑的传统形式，在国内多用于古镇的保护和开发上。

苏州同里建筑的保护改造就是其中之一。同里的建筑大多建于明清时期，其特点为粉墙黛瓦、砖墙门楼。对其的保护方式主要是在建筑原有形态的基础上最大限度地还原其传统风貌。特别是在建筑内部的结构、构造和装饰上，一定要体现出江南的特色。特别是江南民居中常见的"轩"的做法在建筑改造中被完整地保留下来。在入口处门罩上的雕花细致程度也让人赞叹不已。使来到同里古镇的人们感受到都市中没有的亲切的氛围。而这种氛围的营造必须同时具备主客观条件，然而同里古镇（图 3-4）兼顾了两方面。不仅保护了客观建筑的原真性，同时也尽量保持居民生活的模式的稳定性。

图 3-4　苏州同里古镇

由近年来国内历史街区建筑的保护与更新实践可以看出：

（1）逐渐扩大保护对象的范围：由文物古迹建筑发展到一般性的旧建筑，在保护方式上，从静态保护转化为动态式的再利用保护。

（2）更新方式也发生了变化：原来对旧建筑的修复要求是"整旧如旧"，到现在逐渐转变成向自由而富有创造性的更新设计改造。设计观念也由原来的只注重与原建筑的相似性的和谐发展到对比冲突的和谐。

（3）更新态度的转变：改造过程中不仅仅局限于对建筑本身的改造，同时也注重改善周边的环境和服务设施，通过各种更新措施，使建筑与其所处的周边环境相协调，注重整体性的保护。

第四节　历史城区内建筑保护更新的价值

《世界文化遗产公约实施指南》对历史建筑的价值分类描述为：情感价值：惊叹称奇、趋同性、延续性、精神的和象征的、崇拜；文化价值：文献的、历史的、考古的、古老和珍稀的、古人类学和文化人类学的、审美的、建筑艺术的、城市景观的、风景的和生态学的、科学的；使用价值：功能的、经济的（包括旅游）、教育的（包括展现）、社会的、政治的。

一、文化价值

在历史建筑价值中最为丰富的就是文化情感，它带给我们民族感和地域感，这些都是不可或缺的。我国的文物法也对此给予了规定：具有历史的、艺术的和科学的价值可以统称之为"文化价值"。其中，建筑的历史价值是指该建筑作为与过去某一重要事件、重要的发展阶段和重要人物密切相关的线索和特征，提供一个群体的文化或者一个地区的发展史的相关信息；建筑的艺术价值是指它的设计构造、建筑情调带给人们精神上或是情绪上的感染，或者能够展示出特殊的设计、风格、艺术上的进步和高水准的技艺；建筑的科学价值是指该建筑能够给人们提供重要的、有价值的知识和信息。

如果历史建筑没有严重破坏的话，随着时间的推移，它的文化价值是会递增的，人们对历史建筑的情感也会随之浓厚。

二、经济价值

就每一个项目而言，该项目所拥有的经济价值决定了项目的可行程度。相对于重建而言，历史建筑的保护更新和再利用主要有这样两个优点：

（1）节省投资：在大多数情况下，建筑的更新与保护能够节省更多的资金，同时缩短建造时间，另外，建筑再利用需要一些技术设备，这时新设备完全可以投入到旧建筑当中去。

（2）相比于普通新建筑而言，历史建筑更具有其不可磨灭的意义，历经上百年的磨炼，人们仍然希望这些历史建筑可以存活于世，延续自己的生命，因此在历史建筑以及历史城区内更适合开发商和业主的长期投资。

三、使用价值

大约在 20 世纪六七十年代，在保护历史建筑的过程中，人们往往会出现两种极端：一种是采取福尔马林式冻结的方法，把展品当作是一种标本，当然这种做法在一定程度上给政府带来非常沉重的经济压力；另一种对历史建筑置之不管，任其衰败，甚至放弃。这两种做法都是不正确的，这样既不利于长久的保护历史建筑，也不利于实现其价值的多样性。

《威尼斯宪章》讲道："为社会公益而使用文物建筑，有利于它的保护"。[①] 西方国家对于历史建筑的保护再利用是一个非常普遍的现象。因此，重视历史建筑，提供一定物质功能的基本建筑属性，并从城市建设与社会发展的战略角度进行适度的开发利用，才能充分发挥历史城区内建筑的使用价值。

历史建筑的使用价值和经济价值有着密切的关系，相对于新建筑，历史建筑具有更低的使用成本。它们采用较少的材料，简单的建造材料和适当的空间比例，提供了更合适的使用效果。而新建筑则采用较为复杂的建造方法，更加依赖于机械设备，需要花费更多资金。但是同时老房子的一些限制条件也会给住户带来某些局限性，会产生一些额外的使用成本，如不能破坏原建筑结构等，这些都会影响建筑的使用经济性。

---

① 第二届历史古迹建筑师及技师国际会议，国际古迹保护与修复宪章，第五节.

第四章　历史城区内建筑保护更新的措施和方法

第一节　历史城区内群体建筑保护措施和更新方法

一、静态保护模式

（一）静态保护模式概述

静态保护模式主要是按照相应规定划分保护范围，对建筑的高度、规模、风貌等进行限定，这在历史城区的建筑更新保护中处于消极的态度。这种保护模式并没有把历史城区的保护更新当作总体保护的构成元素，在总体保护更新过程中，静态的保护方法并没有全面考虑到历史城区中非物质文化遗产的保护。

在静态建筑保护更新模式中，只单纯地对物质遗产进行保护，忽略了对周围环境和传统文化等的非物质文化遗产的保护，只着眼现在，对以后的发展毫无规划，这使得整个历史城区仅仅成了一座供人欣赏的"博物馆"。这种做法导致历史城区成为孤立的建筑群，与周边没有交流甚至隔绝，而这种单纯依靠建筑维持却没有考虑城区未来规划的做法，只会引起历史城区最后的衰落。所以在历史城区的保护更新方面，不仅要关注现存的物质，更要在认真调研的基础上，充分开发城区的深层价值。

（二）历史城区保护中产生静态保护的动因

1. 根源是经济的快速发展

我国的城市经济在改革开放后快速前进，建筑行业达到了前所未有的设计高潮。与此同时给历史城区带来了很大的压力，以旧城为圆心，城市面积不断地向四周扩大。因为城市的发展十分迅速，旧城很快就会被包围在新城内部，这就导致城中的土地价格急速上涨（图4-1），所以历史城区的保护更新就担负了沉重的压力。倘若在非常短的时间里，在城中大面积出现这种压力，那么整个城市就会面临大面积重新改建的危险，这就不可避免的导致历史文化传承的断裂。

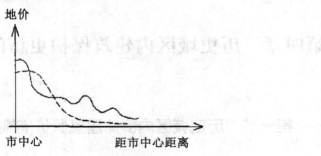

图 4-1　土地价与市中心的关系

（图片来源：郑利军 . 历史街区的动态保护研究 . 天津大学，2004）

2. 在历史城区的保护中，认识的欠缺

随着改革开放后经济的复苏，外来文化的渗透也对传统风俗产生了极大的影响，这种互相影响、互相交融诞生了一种新的文化现象。在现代和历史中徘徊，一些前所未有的问题使人们产生困惑。社会的前进总会不知觉得让大家对现代文化产生向往，所以，虽然传统文化依旧被崇尚，但人们的行为举止却被潜移默化的改变。由于国家经济的快速发展，生活质量的提升使居民对生活方方面面的要求都有了提高。随之而来的是"盲目求新"的思潮开始蔓延在社会的各个角落。这使得一些决策者视历史城区为城市前进的障碍，从而进行不可逆的大面积的拆除。

二、动态保护模式

（一）动态保护的概念

动态保护概念创立于 20 世纪 50 年代。自从 1958 年，美国率先将工业动力学结合动态规划的数学方法，提出了动态规划的控制方法。这个工业领域的创新，使得未来的发展出现了质的变化。美国教授福莱斯特和数学家贝尔曼认为一些事物的发展与过去某时间的决策有莫大联系。

动态保护主张在城区建设中，应对历史和现代发展进行结合，使得当代城市建设处于最优状态。在对历史城区的规划中，应着眼于发展建设的远期规划，并在建设中与时俱进，将历史与未来结合在一起考察，才能形成新的平衡，以免在后期规划中产生新的问题。历史城区保护同时也要适应现代发展需要，不能将其孤立，成为毫无一用的包袱。在后期规划中，要注意循序渐进地发展，为后期滚动开发提供一些弹性指标，进而形成持续规划，控制城市发展，对古城区进行合理利用和开发。根据动态保护的主张，保证历史城区既能得以保护，也能为人所用，使得历史文化得以持久发展。在历史的基础上，现代城区与古城区能够和谐统一地发展，形成动态保护区，历史文明不仅在过去放光彩，在今时今日也能具有强大的生命力。

（二）历史城区实施动态保护的动因

1.城市发展的必然结果

纵观历史，许多宏伟壮丽的建筑在设计之初，都渴望能够永恒。每一个设计师都自以为创造了永恒的建筑，无论是城市规划还是建筑艺术，都是历史的延续。在过去的几千年里，许多建筑被不停地毁灭，又不停地重生。当然也有幸存了几千年的古堡和教堂。总的来看，城市的发展具有某种共性，就是每当一个新文明的诞生，都是对旧文明的毁灭。从历史发展本身来看，没有什么是真正的永恒，只是对历史的继承。有的城市本身就是一本史书，因为它保留了许多历史遗迹。一座城，可以看到过往的几十年乃至几百年的历史。从某种意义上说，城市发展并非与过去历史的决裂，而是一种继承。动态保护才是最理智的选择，也是城市发展的基本规律（图4-2）。

图 4-2　维也纳的城市演变

（图片来源：郑利军.历史街区的动态保护研究.天津大学，2004）

2. 美学进一步发展的结果

每一个时期，人们对待美的定义都有所不同。而建筑作为凝固的美，更是一个时代对美学的高度精练。同样每一个时期，都会面临历史城区的改造和发展。新的建筑起来了，旧的建筑倒下了。建筑在此消彼长中产生的轰鸣，正是一个城市真正的形象。合理的设计规划能够使得一个城市更加博大。无论是东方还是西方，一个国家的文明高度取决于对待历史的认知程度。纵然历史城区与新城区的形象截然不同，但是并非无法融合。一个合格的城市规划人员应该站在历史的高度上，纵观全局，找到新旧城区的平衡点，进而将整个城市构建成两全其美的形象。

3. 我国当前的经济体制要求对历史城区实施动态保护

在过去几十年的经济高速发展过程中，为了取得更快速的城市扩建，我国许多地区无视历史，破坏古城古物，强拆强建。为了各种所谓拉动经济的名目，地区政府被名利蒙蔽双眼，一边毁掉真实的古迹，一边进行仿古重建。这种买椟还珠的行为使得珍贵的古建筑古文物从此灭失，造成不可挽回的经济损失。诚然，并非所有地区都如此短浅。在内地和一些经济落后的地区，古城古物破旧不堪，急需政府保护修整。但是由于国家政府给予的经费有限，地方政府又无力出资，许多历史城区基础建设简陋，因为无法得到有效保护，有些古城面临更大的威胁和破坏。许多地区其实出台了一些保护政策和保护规划，但是我国经济发展极不平衡，导致这些政策和规划无法得到顺利推广和进行。许多地方政府有心无力，只能在古建筑日渐消亡的时间里哀叹（表4-1）。

表 4-1　北京文物数量的变化

年份	文物（项）	历史建筑（项）	数据来源
1957	8060	3282	1957 年的第一次全市文物普查
1984	7309	2714	1984 年的第二次全市文物普查
1999	3551	1382	1999 年的全市第三次文物普查

从上面的表格中，不难看出由于缺少正确的保护意识，那些经济高度发达的地区无视历史城区的发展和保护。这些经济高度发达的城市正进入到一种恶性循环的情形中，越发展经济，城市越扩张，历史城区压力越大，进而被毁坏而消失。而历史城区之所以能够在经济条件不好的地区得以保存，正是因为避开了这种恶性循环。但是随着经济发展，我国很多地区将摆脱贫困，进入高速发展的行列中来，那些恶性循环终会出现。如果不能及时提出一个有效的解决方案，那么要不了多久，仅有的历史遗迹可能就

将在我国消失。

4. 可持续发展的大环境

随着社会发展，人们逐渐意识到可持续发展的重要性，明白发展经济不能操之过急，片面追求利益的高增长，而忽视对环境的保护。其实可持续发展的观念不只适用于环境保护，同时也适用于城市规划和历史城区改造。历史的进步离不开发展，发展既是经济发展，也是生活环境的发展。在城市建造中，要注意用最简单的手段达到最大的目的。换句话说，既要建造能够满足人类发展的新城区，也要利用好老城区。最近几年，随着老城区遭到日益严重的破坏，已经有人开始关注到历史城区的改造问题和重要性。人们逐渐相信历史城区是历史留给人们的宝贵资源，不容破坏和灭失。历史城区的保护问题日益提上议程，人们开始关注历史城区的改造，将其与现代建设巧妙结合，成为居民生活的新载体。城市建设在动态保护之下，既要保护也要发展，这是城市规划的必要性，也是可持续发展的最终目的。重建历史城区并不会对后代造成危害，反而造福子孙，为后代的生存留存福音。城市发展循序渐进，环环相扣，只有站在历史的角度上看问题，才能保证城市发展不会浪费资源。

在历史城区实施动态保护是一种与可持续发展相适应的，长远全面的效益观。它可以促使人们重视街区历史文化的保护，使人们尽可能地把宝贵的历史文化信息延续下去，使之在子孙后代中得到持续的利用。

其实，动态保护概念就是可持续发展的具体应用，它本身对于城市建设有着长远的考量，并能够产生持久的经济效益。当人们的观念普遍提升，体会到历史城区保护的重要性，人们才能在后世的发展中获取源源不断的资源和保护。

表 4-2　动态保护与静态保护的比较

	静态保护	动态保护
保护的目的	通过保护使得城市历史地段严格反映出旧有城市面貌与生活，并且丝毫不差地恢复原貌以及原有生活状态	通过新旧元素的重组和弥合，为历史城区注入新的活力和提供发展的可能性与自由度，以使古老的街区获得新生
保护的思维模式	以控制性措施为主、局限于保护过去	将历史地段的保护纳入与城市总体环境同步发展的范畴，将历史—现状—未来联系起来加以考察，使它们处于最优状态

	静态保护	动态保护
保护的表现	要求现有的文物古迹应当加以重点保护，已改变原貌的应恢复原貌，异址添建的应当超出并按原貌重建	一种因地制宜的，保护与更新相结合的长期持续的保护方式，在发展中保护历史街区
保护的方式	大拆大建，在废墟上重建	持续规划，滚动开发，循序渐进式的改造
实例	北京平安大街的改造及西部若干历史文化名城的衰败	天安门广场的改造，上海新天地的改造

三、整体保护模式分析

在历史城区的保护更新中，历史建筑作为其重要的组成部分，不仅包含具有极高保护意义的历史文物型建筑，同时也包含周边的普通建筑及其所处的城区环境。单纯从一般性单体建筑来看，也许它的保护价值并不明显，但是把它们和重要历史建筑结合在一起形成历史片区，可提升一般性建筑的自身价值。所以，要使历史城区成为城市中极具自身特色的地块，对城区内建筑使用群体保护与更新是较为合适的。

早在《威尼斯宪章》中，关于整体保护有着这样的概念："保护一座文物建筑，意味着要适当地保护一个环境。任何地方，凡传统的环境还存在，就必须保护。"提起群体历史城区，人们脑海中多是浮现出一个片区的整体环境和完整形象，对它的保护和更新除了可以从重要建筑物的本身入手，同时应该加强和其有关的空间形态、建筑风格和历史文化等方面的保护。

对于群体建筑的整体保护，本节将从它的空间格局、建筑形态、高度天际线、色彩和非物质文化遗产五个方面加以分析。

（一）群体建筑空间格局的保护

1. 群体建筑空间格局意象构成分析

在 1960 年，由美国著名城市规划学者凯文·林奇出版的《城市意象》中提出："城市意象，就是由于周围环境对居民的影响而使居民产生的对周围环境的直接或间接的经验认识空间，是人的大脑通过想象可以回忆出来的城市印象"。随后，林奇对"城市意象"的概念进行了三方面的阐述：①特性也叫特色，即为城市的个性；②结构和关联，即相关物体之间和使用者在空间及形态上的某种关系；③含义也称为意蕴，指城市里的人工建筑所具有的特定的含义，包括指定内容或可深入的理解。

在对城市意象的物质形态内容和群体意象的研究过程里，有一些元素经常被使用。林奇总结过后，将他们归纳成五个元素——道路、边界、区域、节点和标志物。从群体建筑的保护更新来看，对该城区进行整体保护的前提和基础是以这五个元素为方向，并对于历史城区内部道路、环境及建筑进行深入的研究。

道路：道路组成了城市综合体中最常见、最可能的路线网络。根据芦原义信在《外部空间设计》中的研究，当街道的宽度（D）与临街建筑檐口的高度（H）比值不同，会带给人们不同的街道空间感受。当 D/H<1 时，空间是比较封闭的；当 1<D/H<2 时，空间感受较为舒适；当 D/H>2 时，空间封闭感不强，显得较为开敞。另外当街巷两侧的民居商铺有较深远的披檐或者雨篷，街巷空间被进一步限定，形成"灰空间"。

边界和区域：在边界的认知过程中，"门"的概念非常强烈，人们往往先想到门，然后联想到边界。历史街区的边界一般为城市主要干道，街区周围的"闹"与街区中的"静"形成了鲜明的对比；此外，而历史街区往往通过人为地利用古牌坊、城楼等塑造入口"门"的形象，区域的可识别性也相当强。历史城区内的历史性建筑较为集中，群体建筑风貌较为统一。

节点和标志：节点是观察者可以进入的战略性焦点。对于历史城区来说，节点和标志物往往是统一的。在历史城区内，对于群体建筑本身来说，由于高度、建筑形式的严格限制，无论是历史建筑还是新建建筑，其作为单体给人的可读性并不强，倒是偶尔的有强烈意象的建构物往往需要及时地整修拆除。但是，在常态的线型道路轴线上，河道、街巷及有宅前广场的空间变异区域却往往成为视觉的中心，其围合空间与周边建筑往往成为历史城区的节点或者标志。

2. 关于城市意象的设计方法

将城市意象的五方面运用于历史城区的分析可以得到，在完整的历史城区内，该片区带给人们的应该是片区内群体建筑的风格风貌，尽量减少单体建筑过于突出的性格特点，使城区形成完整的、较为统一的建筑形态。另外，若在历史城区内群体建筑的密度高：可适当利用某些拆除建筑留下的空地作为休憩和绿化场所，扩大历史城区广场的面积，同时增加群体建筑空间格局中"节点"和"标志物"的意象性。

（二）群体建筑形态的控制

对于群体建筑形态的研究，可以从建筑的界面开展。从字表面来看，"界面"就是划分某个空间的"分界面",而在城市的研究中,界面是指限定某一空间或领域的面状要素。界面的分类标准很多,从空间构成来说,可将其分为垂直界面和水平界面两类,前者包括建筑的立面、围墙等,后者主要包括建筑的顶界面和底界面(道路、河流等);就群体建筑形态本身来说,垂直界面主要指群体建筑的立面,而水平界面主要指其屋顶形态。

1. 垂直界面——群体建筑立面分析

对于历史城区内群体建筑立面的控制,可以引入类型学的方法进行分析。类型学从形式定义中来,主要区别于个体和一般,结合垂直界面可理解为一种来自单体建筑,却可以抽象提升成某一类建筑的特点。建筑形式既能够使用在建筑单体,又可以在建筑群体中得到应用。新理性主义类型学者阿尔多·罗西认为各式各样的当代建筑类型的原型由历史文化和心理经验的积淀累积而成,因此,可以把类型融入建筑设计,使它成为历史性和共时性共同作用的结果,通过类型方法,让建筑中融入城市的历史。

2. 水平界面——屋顶形式分析

俯瞰历史城区中的群体建筑,各式各样的大屋顶对历史建筑的构成起着极其重要的作用。在各种屋顶形式中,最普遍、最常见的屋顶形态是硬山屋顶,其他例如悬山、歇山等屋顶形态也比较常用。有的建筑有屋脊,有的没有,屋脊的造型多种多样,有俄脊、雄毛、纹头等。从侧面看,屋顶坡度不一,屋角翘起,多数呈平滑的曲线,配合有老戗发戗、嫩戗发戗、水戗发戗等类型。在比较普通的群体建筑里,等级较低、小型及居住建筑物常用硬山式屋顶,等级较高的大中型建筑物一般结合更高级别的屋顶。屋顶每部分结构的连接随着底层平面的改变而改变,构造比较复杂,如云头、山墙、马头墙、观音兜等都是随之而形成的,样式多种多样,并且具有设计美感。在历史城区内,建筑独具特色的"第五立面"就是通过不同样式的屋顶和传统院落的结合形成的。

(三)建筑高度天际线的控制

在历史城区内建筑高度的方面来看,对于改建建筑和新建建筑虽然不能死板教条,但在重点保护区域的"点"、"线"、"面"、"系"内,建筑的建筑高度需要有硬性限制,一般来说,改建或新建建筑多数是一层或两层,部分建筑可以是三层。从整体来看,改建或新建建筑的高度不应对历史城区的轮廓线产生影响,不应妨碍城内旧建筑的建筑风貌。对于一些十分重要的地区,为了使轮廓线更加有韵律,环境更加优美,可以使用加层或减层的手段进行补景。

（四）建筑色彩控制

1. 分层划分建筑色彩

一个历史城区的整体色彩不可能单纯的用一种颜色来定义，应该从大到小、从粗到细的具体控制。从宏观上看，在某个历史城区的色彩控制方面，可以纵观不同分区的不同特点，从而进行整体的色彩分析，色彩分区应根据某地块在历史城区内所处的不同位置和它的传统风格，像在一些传统建筑比较密集的区域，对该片区的颜色控制应该较为严苛；而在某些改建或新建建筑比较多的区域，对建筑色彩的控制可以相对宽松些。对于历史城区内色彩的协调，它理应通过不同地块的色彩控制组合而成，而不是刻意单纯的统一色彩。

2. 重视微观色彩调控

整个历史城区的主题色彩，从根本上分析是由单体建筑的微观色彩共同拼接成整个街区的完整色调，虽然从宏观上看来比较统一，但仔细观察会发现对于建筑构件的细节处理还有待加强，例如屋檐和窗户之间各关系，窗框和对应的玻璃颜色是否协调，临街的广告招牌、彩色霓虹灯、墙体广告的设置是否合适，细到空调外机的放置点等依然需要细致考虑。另外，现代元素如玻璃、钢等材质的使用可与传统建筑形成鲜明的对比，强化现代感。

（五）非物质文化遗产的保护

与普通城区相比，历史城区的传统文化赋予它与众不同的特色。在历史城区中，不同文化的沉淀使之获得生命力。但是随着时间推移，在现代文化的冲击下，部分传统文化和历史元素都在慢慢消亡。在建筑的更新保护中，如何用建筑语汇把传统文化继承发扬下去是值得我们思考的一个问题。

四、活态保护更新

（一）活态保护的认识

"活态保护"作为一种探讨城市历史城区保护与更新的理念和方法，它在 Eco-museum 为理论的基础上，强调城市的动态活力和活态文化在城市发展中的重要性。其显著特点是：把当地原住人群当作更新保护的主体，以整体城区为出发点，将现代城市发展和保护结合起来进行更新。

Eco-museum 的概念源于 1970 年的法国，现在，国际博物馆协会作为最权威的机构对它进行如下定义：Eco-museum 是一个通过科学、教育等方式对某一社区的所有遗产（包括自然遗产和文化环境）进行管理、研究和开发的机构，是公众参与社区规划和发展的工具。雨果·戴瓦兰最作这个理论的创始人之一，曾指出它的作用是保护、传承和持久地丰富遗产地的独特性和创造性的文化遗产，其中包括的无形遗产有技术、绝招、工艺、传统材料和艺术形式。[①]

（二）活态保护模式分析

活态保护的本质是不断更新变化中的城市社区，强调空间元素、集体记忆、社区居民等三个重要因素：在这里面，载体为建筑的空间元素；线索为人们的群体记忆；保存表达者为当地的原住居民。

1. 本质是社区更新

历史城区的功能完全置换或者是大规模的拆除重建，都不适合历史遗产的更新保护，活态保护作为一种新的历史地段的保护模式，讲求功能的渐进式更新，以原住民为主要的保护对象，旨在提升居民生活条件和居住环境，在完善城市功能的同时，对城区内部地段的基础设施、居民观念、生活水平逐一进行更新，使其对现代社会及城市的要求渐渐适应。

2. 古今并重

风俗民俗、传统文化、节日仪式和人们熟悉的老字号等在内的集体记忆作为建筑活态保护里的重要组成部分，是应该被保护的。城市作为一个不断发展的体系，不断接受着外来文化的冲击，如果过度重视某个历史发展中的阶段，将会造成其他阶段的断裂。与此同时，现代生活方式的改变使人们的观念发生巨大的转变，这些改变对传统文化的影响同样巨大，所以活态保护的"古今并重"在既保留传统文化的基础上也适用在不停发展的现代城市。

3. 原居民为主

因为历史城区极具特色的传统文化，通常会吸引四面八方的游客前来参观，旅游业的发展可以带来经济效益，但同时也考验着传统文化的传承，

---

① 汪芳,等.城市历史地段保护更新的"活态博物馆"理念探讨[J].华中建筑,2010,(5):159—162.

在外来文化的作用下，很容易发生人口置换的问题。活态保护遵循"主人为主"的理念[1]，在活态保护的城区中，以当地人们为重，他们拥有高度的自主权，可以按原来的习惯继续生活，并在此基础上不停提升，他们不用刻意把游客当作参观者，只需按传统的生活习惯和模式，以平常心态接待客人。

五、置换功能更新模式

（一）置换模式分析

对现存建筑的保护更新可采用功能置换的方式。这种方法是以开发商的对某地区的再次开发为基础，把历史城区中的居住人们和原始单位向外拆迁。对比其他历史城区的保护更新方法，置换模式的更加市场化，这样一来会在较短时间内使该历史城区内的人口规模与周边环境产生较大改变，在原住居民的拆迁过程中，势必会使该历史城区内人们的传统生活习惯受到破坏，从而导致城区的历史风貌、传统文化、人文习俗和社会联系产生改变。所以，在历史城区的保护开发历程里，政府应代表人民的利益，在相应规定的制定下切实保障原住人民的根本利益，使开发商的再开发符合政策规定。根据不同的情况采取针对性的功能置换方式，使既有建筑焕发出新的生机，同时也收到了新增的经济收益。历史城区内的群体建筑通过功能置换获得经济效益促进保护的同时，也存在着不少弊病。

总体来说，群体建筑功能置换的完成，往往给原住区居民带来诸多不便。由于居民的大量搬迁，从而在较短时间内使该历史城区内的人口规模与周边环境产生较大改变，原住区居民的固定生活习惯也被打破。因此，在开发过程中，政府在注重经济利益的同时应当始终以全体居民利益为本制定政策措施，同时严格规范开发商的行为。

（二）置换类型分析

1.古民居的功能置换

在历史城区内，多数居住类型建筑进行的保护更新多为建筑功能置换。

想要明确建筑单体怎样合理地进行建筑功能替换，在置换之前，应该对这个建筑单体或群体的建筑空间特色进行准确的分析。比如，传统居住建筑按照建筑面积的大小可以划分为小型民居、中型民居和大型民居。

---

[1]　吴琳.城市中心历史街区"活化"保护规划研究[D].现代城市研究，2012.

小型民居建筑占地少，布置自由，类型多样，数量大，多为城市贫民或小商贩、小手工业者居住，这类建筑保护价值大多不高。但结合这种类型建筑的小空间、结构简单等建筑特点，可以作为小型店铺、酒吧和工作室等之用，充分利用它的经济价值。若有特殊要求的可以根据现存建筑的特点进行改造，也可通过增加梯段或夹层的方式使它的使用率得到提升。

中型建筑常建于路河之间的较宽敞的地方，一般按照轴线方向采用多进的布置形式布置主要建筑，通常是门厅、轿厅、大厅、楼厅，共四五进房屋，每进房屋也用天井分隔，大门有的用四扇或六扇竹丝墙门。跟大型住宅不同的是除了正落外，还没有边落和附房。这类住宅的层次通常是前低后高，有利于通风采光。

大型住宅的主人通常为旧时朝廷重臣、达官显贵的住所，平面布局一般坐北朝南，以纵轴为准绳，自外而内的顺序依次为照壁、门厅、轿厅、大厅、楼厅、闺楼，之后砌界墙，在这中轴线上的房屋叫正落，正落左右还各有一纵轴线，右边的纵轴线分别布置书斋、花门、藏书楼和次要住房。左边的纵轴线上分别布置花厅、厨房、库房和杂屋。这类大型住宅少则五六进，多则八九进，甚至十一进。住宅规模很大，通常占地数千平方米，甚至1万平方米。

2.旧工业厂房的保护性利用

在历史城区内，除了各类古旧民居，尚有不少旧工业建筑。这些建筑虽然在法律上并不是文物遗产，但是从历史发展的过程中看，它也具有某种意义的留存价值。所以，建筑更新的整体性保护不但可以用在文物历史方面的建筑上，也可以把它的范围运用到工业建筑的保护更新上来。对历史城区里的工业建筑的更新方法，主要采取三个的方针：第一，保留城区符合历史城区性质并且对历史城区没有污染的厂房，例如丝绸、工艺、雕刻等厂房；第二，虽然工厂生产的物品有销路，但它自身的存在会使城区周边的环境受到某种程度的影响，这样的厂房应该使之拆迁；第三，工厂生产的产品既没有销路又对周边的环境产生污染，这样的厂房应当使之消除。

对历史城区里的旧工厂进行更新保护改造，可以在不改变其现存建筑的主要结构和外部立面的基础上，对它的内部空间进行功能置换的再利用。建筑师通过运用某些辅助空间，如夹层、梯段的设计使原有空间更加丰富。另外，某些具有历史价值的建筑，可以通过内部的改善和功能置换，获得良好的经济收益。

在国内，近年来创意产业与旧工业厂房结合的优秀案例很多，如北京将计划经济时代遗留的工厂改造成著名的"798工厂"；上海将莫干山几个老仓库建成创意一条街等等。

相对于简单的旧厂房功能置换，在历史城区内创意产业与旧厂房结合的再开发模式无疑有更大的优势：首先，对于大多数旧厂房来说，其外观往往与历史城区风貌有一定的冲突，作为保留建筑，有必要对其进行内外一体的改善整饰设计，使其与历史城区风貌相符合。其次，历史城区的整体保护，不单纯是对建筑、城区等建筑物的更新保护，同时也是对传统历史、文化风俗等精神遗产的保护；而旧厂房作为一种精神遗产的物质载体，可见它在历史城区的保护更新中的作用是特别重要的。

六、"休克"式更新模式

大部分历史城区经过时间的侵蚀都遭到或多或少的破坏，现存的历史城区基本上都不是十分完整的，一些传统建筑年久失修，给人们埋下了部分安全隐患。结合我国经济具体境况，不能够完全效仿西方国家，针对年久失修的旧建筑达不到每栋都进行修复，这也是不必要的。所以，对把全面保护的方法运用在我国的历史城区中，其可能性只存在于部分建筑。另外，在西方国家作为"不动产"的历史街区，对它践行修建必定是能取得一些回报的，市场经济条件下，这是人们都无法拒绝的法则。在城市发展的情况下，全面保护的模式并不完全合适，因此，建筑的更新既应使它们满足现代生活的要求，使人们的生活水平得到提升，有需要使城区的传统文化得到传承。

在1980年，"休克疗法"作为医学术语被美国经济学家萨克斯引入经济领域。同样，"休克疗法"也可以引入到历史城区的建筑保护更新中来，这一名词可以理解为短时间在历史城区内开展大面积的建筑保护更新项目，因为更新过程带来的巨大冲击，可能会使整个城区在一定阶段内受到特别大的震荡，甚至使整个城区处于"休克状态"。

根据更新主体的不同，大致可将"休克疗法"分成两种形式：

（1）在建筑的保护更新过程中，把开发商当作城区更新的主要动力，将开发商作为建筑更新的主体，使历史城区在短时间里得到大规模更新。

（2）将居民作为更新的主体，即在当地生活的居民成为建筑更新的主体，项目由政府主持，居民集资，在规定的时间内进行统一更新，更新周期短，更新强度大。这种更新方式调动了居民的积极性，但是在更新的过程中必须要求居民严格遵守规划设计要求，否则也会造成对历史城区的破坏。

七、"微循环"更新模式

"微循环"是一个生物学、物理学的概念:"须在显微镜下才能观察到的微动脉与微静脉之间的毛细血管中的血液循环"。[①] 从更深的角度分析定义,"微循环"实际上是指事物按照一定的轨迹,以一种隐匿的螺旋上升的方式进行周而复始的运动,在此过程中实物完成由此及彼的相互转化。可见"微循环"运动的方式是"隐匿的",而运动的结果却是翻天覆地的;"周而复始"运动带来的结果也只是暂时的。将这个概念移植到历史城区的建筑更新中可以理解为一种有机建筑保护更新形式:保护和更新这两个概念既相辅相成,又对立统一。在建筑的保护更新中,若建筑对象保护更新不好,那么以后它也会因为损坏而不能继续保护;在保护更新中,若建筑对象的保护价值得到提升,那么以后也会转化为重要的保护对象;这就形成了一个有秩序的动态循环。

事实上,"微循环"的更新模式可看做是在历史城区中进行小规模自我更新的模式,在这个模式中,建筑更新的主体是一直生活在城区中的人们而非政府和开发商。若以传统模式进行大面积的历史城区的更新,不但会造成大量的金钱浪费,而且很可能严重的破坏历史城区中的非物质因素。据调查大部分居民不愿意离开长期居住的环境,但由于种种原因,尤其是经济原因,迫使他们不得不离开,这样一来,原来历史城区的社会关系网络被彻底地打破,居民成为最大的受害者。在"微循环"更新中改造的主体是社区居民、政府部门及社会组织,在更新过程中,政府起到引导作用,设计工作者提供技术支持,社会居民自我协调。这样的更新模式不仅可以提高人们的参与度,充分调动居民自己的积极性,并且在更新完成后,人们在保持原有生活方式的前提下,生活质量得到提高,可谓是一举多得。

这种更新的方法更多地用于历史城区中的居住建筑中。这部分建筑不像临街建筑所处位置对城市的景观和整体形象影响重大,但是它们和街区中居民的生活密切相关,作为物质实体它们更多的承载着街区的社会网络关系。居民的生活点滴通常是通过传统的生活方式记载并得到传承,这个过程需要长时间的演变,而"微循环"的这种更新方式恰恰适合这个过程。

八、各种更新模式综合利用

对于某一历史城区,由于各个建筑物的现状各不相同,针对不同的情况可以同时存在静态、动态、整体、"活态"、置换、"休克"、"微循环"

---

① 宋晓龙等."微循环式"保护与更新[J].城乡规划,2000,(11).

等几种保护更新方式（表4-3）。

表4-3　更新模式对比表

模式	整体保护	"休克"式更新	置换更新	活态保护	"微循环"更新
土地出让程度	基本不出让	部分出让	全部出让	基本不出让	小部分出让
开发程度	弱	强	强	弱	弱
改造主体	政府部门	房地产开发商、政府部门、社区居民	房地产开发商、政府部门	政府部门	社区居民、政府部门及合适组织
参与者关系	政府部门及规划设计部门间进行协商后要求居民服从	房地产开发商与政府部门及规划设计部门间进行协商后要求居民服从	房地产开发商与政府部门及规划设计部门间进行协商后要求居民服从	以政府部门为主，社会对居民进行协调，设计人员进行技术支持	以政府部门为主，社会对居民进行协调，设计人员进行技术支持
搬迁问题	搬迁部分原居民	搬迁部分原居民	搬迁所有原居民	少量居民协商后搬迁	少量居民协商后搬迁
更新整治开发方式	采用保护和维修方式	保护和修缮文物建筑，对大部分建筑采用改造拆除的方式	除个别保护建筑外全部拆除	对大部分建筑采用保护与修缮、维修、改善的方式	对大部分建筑采用保护与修缮、维修、改善的方式

　　虽然没有明确的标准对建筑的保护更新做出好坏评价，但只有立足建筑，使城区的活力传承下来，这才是对传统文化最好的保护。所以，在保护更新过程中，应结合当地历史城区的具体现状，从该城区的实际情况出发，把历史城区的保护更新和具有当地特色的文化融合在一起，共同作用，使之成为具有该城特色的保护模式，既传承了历史城区的传统风貌和文化习俗，又使人们的生活水平得到提高。

　　综合可知，面对不同的历史城区，应以其发展为目的，结合城区特点，制定出符合当地实际情况的保护方案，使物质和非物质遗产得到最好的更新。

第二节　历史城区内单体建筑的更新措施和方法

建筑更新的方法很多，《历史文化名城保护规划规范》中对于历史文化街区中各类型建筑的更新方式也有如下规定（图4-3）。

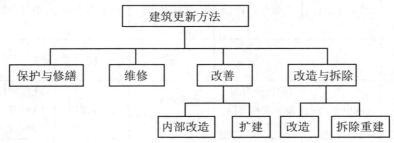

图4-3　建筑更新方式

总结起来共有以下四种方法，即修缮、维修、改善、改造与拆除。[①]费奇按照 "介入层面要依据递增激进化的模式"即根据对历史建筑介入的程度不同，将建筑更新分为七个方法：保存（preservation），即维持建筑物的自然形态，不在建筑物内增加或拆减其他构件；修复（restoration），即将建筑物复原至其发展过程中的其中某一个阶段的建筑形式；翻新（refurbishment），即对对象的现实情况进行改进及修缮，来确保它的空间及结构的正常使用功能；重新建造（reconstitution），即把原有建筑在原始或者新的地点以原有建筑将一幢建筑慢慢地重新装配完成；转化（对建筑的重新利用 adaptive use），即使一座建构用于新的使用；重建（reconstruction），即把已经不存在的建构在旧址上重新建造；复制（replication），即对照现有建筑构建一幢与此相同的复制品。[②]通过吴良镛先生在《北京旧城与菊儿胡同》中的理解，建筑的更新方法主要从三个方面进行阐述：保护（Conservation），即对存在历史价值的现有建筑基本不予改变，同时加强日常维护；整治（Rehabilitation），即对现在存在的现状进行局部或者小面积的维修改建，使之被更加合理的利用；改造、改建或再次开发利用（Redevelopment），即为了拓展空间，增加新的构建来提升环境质量，需要选择性地去除现存状况中的一些部分。[③]综合国内外建筑更新的理论和实例，本书对建筑更新的方法归纳为：保护和修复

---

① 中华人民共和国建设部历史文化名城保护规划规范 [EB/OL]. 中国建筑工业出版社，2005.
② ［英］史蒂文·蒂耶斯德尔，等.城市历史街区的复兴 [M].中国建筑工业出版社，2006.
③ 方可.当代北京旧城更新——调查.研究.探索 [M].中国建筑工业出版社，2000.

（Conservation and preservation）、维修（refurbishment）、改善（improvement）、改造和拆除（rebuild）。

一、保护和修复

保护，即通过对现存建筑和它周围的环境进行调查、判断、记录、修复、维护、改善等方式而进行的科学研究。修复是对建筑古迹的一种保护措施，包括平时维护、保护加强、建筑修缮，重点修整等。通过这种方式即可以使构建的外表维持原样，体现出旧建筑原有外形同外界现有建筑的融合和共生，同时又可以通过建筑内部小型调整，让建筑符合现代人们的需求。

例如王府井东堂改建项目。东堂又叫作王府井天主堂，其处于王府井大街 74 号，是北京四大天主教堂其中的一座，也是北京东城区重点保护文物。该建筑开始建筑于 1655 年（清顺治十二年），是北京的第二座天主堂。该建筑在建成后的 200 年里先后三次遭到摧毁，现存教堂是教会利用"庚子赔款"于 1904 年（光绪三十年）重建而成的。1980 年，北京市政府针对教堂拨款，进行全方位的修复，并使其恢复了正常的宗教活动；2000 年 5 月政府再次对教堂内部及外部进行了整修，同时对教堂整体进行夜景设计，使这一市级文保单位焕然一新（图 4-4）。

图 4-4　北京王府井东堂

（图片来源：http：//beijing.cncn.com/jingdian/wangfujingtianzhutang/）

在整体修建过程中，建筑外表面主要是清洗和修复，里面继承原来的空间格局，整体即为中间是天主堂，坐东朝西，面阔约 25 米，一共 30 间，建筑位于青石基上，教堂顶部竖立 3 座十字架，中间的大，两旁较小。教堂里面由 18 根砖制圆形柱撑起，柱径 65 厘米，柱础是方形，教堂里面两侧的墙壁上挂有耶稣受难等多幅画作。对于已经变形的木结构的唱经台，主要在其主次梁的侧面进行加强，使之最大限度地保持历史原貌。在教堂前广场中，建筑师在教堂周边进行了绿化，其东边种植杨树，南边设为玫瑰园。广场中部进行大片绿化种植，植物由高到低错落有致，并且配上层层流动的水景，优美的环境提供给人们和游客参观和休息之用；广场上安装了各种灯具，分布在地面、树中、台阶上、草地中、建筑立面上、水里等，通过各种灯光效果，展现出教堂夜晚庄严神秘的感觉；教堂周围的四棵古树予以保留，并采用"月光照明"，整个夜晚晶莹美丽。

通过这次修建，整个教堂成为北京市乃至全国教堂环境极其优美的活动场地，这不仅体现出党和政府充分尊重和保护宗教信仰自由，而且在一个公共的空间，这里成为王府井商业中心区里的一个极其重要的景点（图4-5、图4-6）。

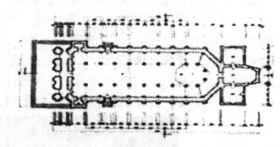

图4-5 东堂立面图   图4-6 东堂平面图

（图片来源：张旖旎.历史文化街区内建筑更新设计方法的研究.西安建筑科技大学，2007）

二、维修

维修是对在不改变建筑外形特点和周边环境的基础上，进行的加强和保护的复原修建，是一种整治方法，同时也是历史城区内经常使用的一种保护方法。这种方式大量存在于历史城区的建筑保护更新里。

以菊儿胡同为例。菊儿胡同处于北京东城区西北部，东起交道口南大街，西至南锣鼓巷，全长438米，居住约200户人家，明朝起为局儿胡同，清乾隆时改成桔儿胡同，清末又谐音记作菊儿胡同，1965年改称交道口南大街，"文革"中曾称为大跃进路八条，后复为今名。

1987年，伴随市住房改革制度工作的全面开展，菊儿胡同成为旧房改建的试点项目。其改建通过清华大学建筑与城市研究所负责保护与整治规划设计。菊儿胡同民居的改建方法是吴良镛先生"有机更新"理论在历史城区中的一次有意义的尝试。

在民居改建的过程中，以房屋质量为标准，把现存民居分成三类进行更新改建，第一，对于现存较完整的院落采取维修的方法，修复局部损坏的地方；第二，对某些已经老化的建筑局部，像门、窗、瓦、墙体等进行重新修建，对油漆木构件、粉刷墙面等进行重新粉刷；第三，以提高人们生活水平为目的，在修建过程里对服务设施进行部分更新。

三、改善

改善是通过对街道里某些与历史建筑和历史城区形态没有矛盾的一般建筑进行外部修建、内部调整、简化构建等方式的一种更新。多数和历史建筑形态没有矛盾的建筑其立面经常使用现代材料，其结构大部分是砖混或框架结构。同历史建筑比较，这些建筑功能齐全，设施完整、结构牢固，同时在某种程度上优化了人们的生活品质。但这些建筑的高度通常为二至四层，尺度适合，如果认真分析还是能够找到同历史建筑对话的联系。

在建筑保护更新的历史里，若把该部分建筑全部拆掉重新建造必然会形成大量的浪费。从使用价值方面来看，这些建筑大部分建造时间短，结构牢固，建筑的存在使人们的生活水平得到了提升，并且它成为历史城区的现存建筑，可以对其进行改建。从人们的情绪上来看，这些建筑大部分是通过人们自身动手建筑的，如果单纯因为建筑风貌的影响来进行拆建，无论在情感上还是经济上都不能让他们接受。所以，通过对这些建筑进行改建，在减少浪费的同时减少不必要的问题。具体来讲，通过对建筑外部的整建，内部调整，简化建构而更新。

（一）内部改造

内部改造是在留有现存结构和立面的基础上，对建筑内部的空间进行再次设计。常用的方式有增加隔墙或阁楼的设置、拆掉现存内墙是指变成大面积空间等。

以创造出满足现代人们生活需要的内部空间为目的，可以通过使用现代材料及空间处理的方式。在历史城区中经常使用的方法有两种：一种是通过使用轻质隔墙把空间重新划分，其主要是为了出租和使用功能的方便，在现有结构允许的情况下增添轻质隔断，把一个空间划分开出租或者把一个空间划分成前后两个空间方便使用；第二种方法是在建筑内部增加夹层，增添空间的层次性，部分坡屋顶建筑通过内部装修以后，吊顶上部的部分丧失作用，这时，可通过夹层的设置，提高建筑内部的使用率。

在伦敦的塔桥之东，泰晤士河南岸附近，有这样一片码头区。它在伦敦早期河运依然发达的时代格外兴盛，周围大片的建筑被用来作为仓库，存储咖啡、茶叶、香料……而到了 20 世纪，随着河运的没落，这些仓库区也渐渐被闲置了下来。有一座建于 19 世纪 70 年代的位于泰晤士河畔奥利弗码头的茶叶仓库，某位建筑师在 1996 年通过对建筑重新分割空间并改建，把只留下破败的顶层阁楼重新改建成了自己的住宅（图 4-7）。原来的仓库阁楼为单层建筑，在建筑师的重新建筑过程中，他把一面 9 米高的隔墙安插在仓库的中心，这使仓库空旷的单层空间变得富有层次性，同时两个互无影响的大空间夹层由此产生。

图 4-7　铁艺桥连接起来的仓库

（二）扩建

扩建即把一幢新的建筑或部分新的建构增添到现存旧建筑群的附近，新添建构需完全考虑到对现存建筑的包括大小、比例、形式、风格等方面的影响，可以互相融合，也可以对比冲突。但无论通过使用哪种方法，都能够使现存建筑和它周围的环境文化得到传承保护，同时加强旧建筑的活力。扩建可以通过拼贴新建筑、增加连接体、毗邻建造等主要方法进行。

1. 拼贴新体量

拼贴新体量即在原有的建筑上直接增加新构件，使新建筑和老建筑在立面上形成过渡，在内部形成功能的传承或填补。

英商跑马俱乐部建于 1930 年，现为上海美术馆，在它的西北角立有高约 53 米的钟楼，该钟楼也成为上海市重要的景观节点。在 1952 年后，这栋大楼慢慢变化成为上海博物馆及图书馆，于 2000 年再次变化成为上海美术馆。这座建筑通过参考现存建筑的西立面，通过部分整合和调整，把东侧进行扩建，恢复了原有建筑已经被拆掉的看台部分，整个建筑增添约4700平方米的面积。在建筑流线部分，新建一层和原有空间组成整个建筑的入口部分，不仅增加了3.3米宽的楼梯，使观众可以便捷的到达各个展厅，并且提供了专门为展品使用的装卸区域。在功能部分，设备用房放在地下空间，五个特色展厅分布在一、二层，同时结合通廊，二层还设计有一个大空间的雕塑陈列厅，三层是临时展厅，四层为小型报告厅、阅览室、画库等功能（图4-8）。

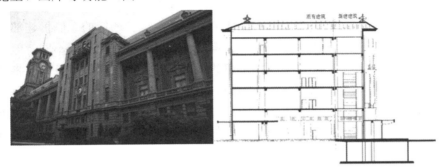

图4-8　上海美术馆扩建部分

（图片来源：邢同和，陈国亮．让历史建筑重焕发生命活力——上海美术馆改扩建设计．建筑学报，2000）

2. 增加连接构件

增加连接构件即以新旧建筑形成一个整体以为目的，在相邻建筑之间增加连接构件。以 S.M 公司设计的宾夕法尼亚火车站改造工程为例，该项目通过对各建筑空间进行整合，售票处是现存车站主楼，候车厅是位于西侧的法力邮电大楼，改造后的建筑把一个大型玻璃壳体放入相邻建筑之间，把本来分离的各个建筑结合成一个整体，大型玻璃壳体下的部分对人们完全开放，同时与周围串联成完整的商业部分（图4-9）。

图4-9　宾夕法尼亚火车站改造

由于现存建筑状况各不相同，在历史城区的建筑更新中，应综合融合各种方式。以新建筑的眼光部分保留现存建筑，作为保留元素或结构体系，最大程度的传承历史文化，让人们从局部元素或部分空间感受到历史建筑带给大家的不同感觉。

3. 毗邻建造

毗邻建造即在现存建构的周围增建新的建筑，以传承旧建筑的使用功能和内部空间为目的。

例如，在美国国家美术馆的扩建项目中，在现存西馆的东侧扩建部分建筑，称为东馆，东西两馆虽然在建筑风貌和建筑手法上完全不同，但相互照应，形成和谐的一体。根据东馆基地形状的特点，建筑师贝聿铭将其分割成两个三角形，其中一个为等腰三角形，另一个是直角三角形，而东馆的西立面正竖立在等腰三角形的底边上，同时恰好与西馆的东西轴线重合，由此形成新老两馆的对话联系（图4-10、图4-11）。虽然从表面上看东西两馆截然不同，但贝聿铭通过大理石材料装饰的运用，新老两馆柱子檐口高度的处理等，使新老两馆完美地融合在一起，形成时隔37年的"好邻居"。

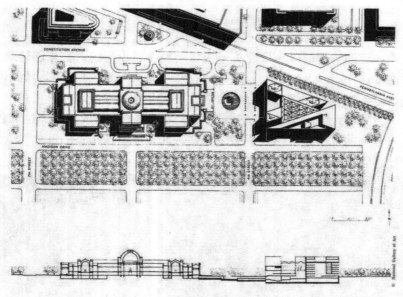

图4-10　东馆总平面图

图 4-11　美国国家美术馆东馆

四、改造与拆除

对于在历史城区内与旧建筑风貌迥异的现代建筑来说可以通过以下三种方法来处理：①通过运用传统建筑手法，传承历史，保留空间；②将通过建筑符号抽象运用于现代建筑；③将新旧建筑形成鲜明对比，突出旧建筑的历史地位。综合来看，第一种方法运用较为普遍，后两种方法在少数建筑中有运用（多用于新旧片区交界区域），是对第一种建筑方式的有效扩充。

（一）传统手法，传承历史，保留空间

通过对历史城区内与传统建筑不相互融合的现代建筑的重新建构，将新建筑运用传统建筑的设计元素表现出来。在大量调研历史文化的基础上，充分利用传统建筑元素，如空间肌理、整体风格等，使新建筑与周围环境无违和感，虽然为新建建筑，但能够让人们感受到历史气息。在历史城区的建筑更新里，可以通过以下几种方法完成建筑对历史的传承。

1. 院落空间

在中国的建筑历史里，院落作为传统建筑最为重要的建筑特征之一，对人们的影响深远。在《辞源》里对"院"的解释是"周垣也"，"宫室有墙垣者曰'院'。四周围墙以内的空地可谓'院'"[①]；"围绕一个中心空间（内院）组成建筑也许是一种人类最早就存在的布局方式，中国传

---

① 欧雷.浅析传统院落空间 [J].四川建筑科学研究，2005（5）.

统建筑从开始到终结基本上都受这意念所支配"①。因此，集中国传统文化和建筑元素于一身的院落完美地传达出我国的居住文化。

拉波特认为可以从两方面说明人与自然的作用：一是人在日常生活中和环境的交往，人改变环境，环境被人的行为影响；二是表现在社会环境里人和人之间的交流，人为环境成为人际交流的主要场所。② 而传统院落就是为人们提供了一个能够与自然交流，同时方便自由地与人们互相交流、沟通交往的交际场所。

（1）聚合性。在传统的居住空间中，庭院作为最为重要的交流场所，通常能够起到集合人们交流聚会等作用，而庭院的内聚性则是产生聚集和交往的主要因素（图4-12、图4-13）。与此同时，建筑院落也为建筑更新过程中的人际交往和邻里相处、生活方式的传承、社会网络的完整性提供了更多的可能性。根据建筑风水，传统的建筑院落的内聚性也是"聚气""聚财"的代表，在传统的四合院中有着"肥水不流外人田"的说法。从大的方面说，对建筑院落的传承也是对中国传统文化的继承和发展。

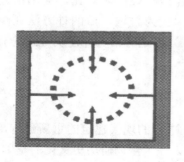

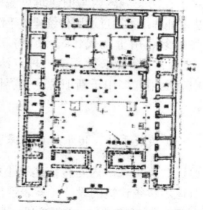

图4-12　内聚性　　　图4-13　陕西岐山凤雏村西周建筑遗址平面图

（图片来源：张旖旎.历史文化街区内建筑更新设计方法的研究.西安建筑科技大学，2007）

（2）开放性。自古以来，中国注重天人合一的理念，中国的传统庭院结合了天地、自然与人事的规律，为各个庭院提供了藏风聚气的场所。开阔的院落与封闭的房屋相比使人们更多地感受的阳光、空气、雨水等自然的气息，这使人们的生活变得更加自然清新，就像把建筑植入建筑中，使人们在家中就可以感受到鸟语花香、四季变换，增进人和自然的亲密接

---

① 李允鉌.华夏意匠[M].香港广角镜出版社，1984.
② 李其荣.城市规划与历史文化保护[M].东南大学出版社，2003.

触。在建筑更新中，通过院落还可以使环境和建筑自然地结合在一起，同时创造出舒适的小环境。此外，通过院落与街巷的联系同样可以体现出院落的开放性。视线可以通过院落空间中的门、窗、廊等构件看入其中，观赏并使用它，在建筑的更新中，通过各个院落之间相互链接，空间相互渗透，能够引人入胜并满足开发旅游的需求，游客在游览过程中还可以体会到传统建筑、开放空间的艺术形式（图4-14）。

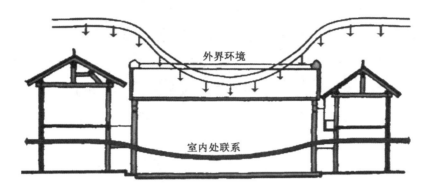

图4-14　开放性

（图片来源：高长征自绘）

（3）对比性。在《道德经》中，老子曾说过："埏埴以为器，当其无，有器之用。凿户牖以为室，当其无，有室之用。故有之以为利，无之以为用。"[①] 以院落为例来解释这句话，"无"就是没有建筑的室外空间，"有"就是拥有实体的建筑物。在《易经·系辞》中有这样一段话："阴阳合德，而刚柔有体。"从院落和建筑的角度来看，庭院空间和建筑实体恰好体现出虚实结合、阴阳互补的对比。因为历史城区内的大部分建筑物高度低于附近建筑，所以该区内的建筑物的第五立面设计十分重要，该立面通常会成为整个城市俯瞰的重要内容，起到提高周围建筑品质、环境品位的作用。因此把庭院空间和建筑物的关系处理得当对于整个设计至关重要。

2. 屋顶

有人说过："中国建筑就是一种屋顶设计的艺术"，回看中国建筑的发展，其中最与众不同的特点就是中国建筑独有的大屋顶。自古以来，就有过用屋顶替代整个建筑物的方式。比如，"屋"字原本有上盖或屋盖之意，后来人们用这个字来表示整座房屋，由此可知，屋盖在人们心中的重要性。除此之外，屋盖也常常代替建筑物本身来展现其院落的布局形态。除了各

---

① 彭一刚.建筑空间组合论 [M].中国建筑工业出版社，1998年第二版.

种形式的屋顶有着不同的象征之外，屋顶上部的各种装饰构件也正是传统艺术的独特体现。比如"惹草""正吻""悬鱼""博风""套兽"等装饰构件都有着不同的象征寓意，有些代表安全，有些寓意富贵，除此之外，这些装饰物也对大屋顶起到了丰富轮廓的作用（图4-15、图4-16）。

图4-15　屋顶铺瓦图　　　　　图4-16　屋顶上的装饰构件

3. 墙

在传统建筑中，为了防止火情蔓延，在建筑物两面山墙的顶部建有比屋面高的"封火墙"，因为封火墙与马头形状相似，所以被又叫作"马头墙"。马头墙的建构是随着两侧的屋面坡度渐渐降低，并且与中心线形成完全对称效果，功能上和相邻的建筑物起到分割的作用，墙顶被建为挑檐形式的屋脊，综合以上做法强化装饰作用。马头墙被分成三叠式、五叠式、七叠式等不同形式，在立面上看表现出逐层抬高的阶梯形，整体高度错落有致，形状样式多种多样，而五叠式的马头墙从外形看，形似五座山峰，因此又被大家叫作"五岳朝天"。马头墙在传统建筑中大量运用，多种多样的马头墙的出现成了中国传统建筑里别致的风景线（图4-17）。

图4-17　民居马头墙

4. 门窗

中国传统建筑的特点还表现在它的材质，传统建筑多由木构架体系建成，因为梁柱体系，所以建筑物的墙面不承重，因此建筑物可在墙面上随意开门开窗，甚至有的建筑物的门窗可以布满屋身，当建筑物开门开窗时，建筑的室内和室外环境即产生了交流。传统门窗虽然形式众多，但构成它最基本的单位是"格扇"。"格扇"功能丰富，有时当作门窗，有时又作为隔墙使用，通常既起到维护作用又对室内的空间进行划分。在建筑物新历程里，临街店铺通常使用质地轻巧的隔扇门窗，这样一来，隔扇门窗在起到分割内外的同时，在需要时又可以完全开放，把外部街道和内部建筑连成一体。传统门窗通常被雕刻上花鸟虫鱼、人物故事等作为装饰，有时会挂上牌匾、题匾等，或是想表现屋主的志向，或是基于表现主人的愿望理想，既增加了门窗的观感，同时传达出人物故事里表现的传统思想，使人们在平日耳濡目染，从而达到某种共识态度（图4-18）。

图4-18 垂花门

（二）抽象符号

建筑符号抽象运用于现代建筑是历史城区内建筑更新中经常使用的设计手法。所谓建筑符号就是通过把传统建筑中大量出现的构件用抽象、变形或者拆解的方式，使它成为一些能够被人们一眼识别的具有特殊意义的代表符号，在建筑设计里通过相互组合或创新，从而使新建筑散发出传统建筑的气息。而抽象简约是通过对传统建筑的整体或部分进行抽象并简化，目的是使现代建筑简约而不简单。[①]

符号拼贴和抽象简约本质上是建筑创新的其中一种方式，这种手法的共同点是通过抽象传统的建筑元素，把它合理的使用到现代建筑设计中，从而让建筑设计更加容易的让现代人接受（图4-19）。

---

① 曾坚，等.传统观念和文化趋同的对策——中国现代建筑家研究之二 [J].建筑师，1998，（8）.

图 4-19　中式元素在现代建筑中的演绎

（三）新旧对比，突显地位

　　除了通过运用以上方法外，在历史城区中进行现代建筑的设计，还可以利用地下空间。这种方法的好处是能够削弱新建建筑与传统建筑因强烈对比而形成的视觉矛盾，便于完整保存整体城区的历史特色；另外，这种方式可以提升土地整体的利用率，满足开发商的利益需求，此外，在建筑上部的开阔空间可以为居民提供生活广场，方便人们使用。对于高于地面的建筑部分，可以运用较为现代的玻璃、钢等材质，使之和传统建筑对比强烈，也可以运用周围的水景和传统建筑形成的反射，既起到过渡作用，又可以突出表现传统建筑的特色。

　　1. 改造

　　上海"新天地"是对传统建筑改造的成功项目。

　　上海新天地位于上海商业中心地块，跨越淮海路南侧两个地块和太平桥地区两个街区，它曾是历史中法租界的其中一部分。位于兴业路上的一个里弄的住宅里，在 1921 年曾召开了中国共产党第一次党代会，因此，这是一个有着十分重要的历史政治意义的场所（图 4-20）。

图 4-20　改造之初与改造之后的新天地

　　该历史地段的改建始于 1999 年初，于 2001 年整体竣工。在改造中，项目采用外表面 "整旧依旧"，内部空间 "改革翻新" 的改建方法，去除历史地段内不协调的建筑因素，保留历史建筑和地段的原始风貌，在改造的过程里，主要以原有的砖和瓦作为建筑材料。参观改建后的新天地，虽然地段的外表上依然是旧时的青砖人行道、清水砖墙以及乌漆的大门等历史元素，但建筑物内部设施集中央空调、自动电梯、宽频互联网等于一体。现在的新天地作为一个成熟的消费旅游景点，为商业、娱乐、文化、餐饮提供了不同场所（图 4-21）。

图 4-21　上海新天地局部

2. 拆除重建

　　重建顾名思义就是在原来的位置重新建筑新的建筑物。之所以选择重新建筑旧的建筑物，多数时候是因为多种因素造成的损坏而迫不得已，在重建中，主要以复原、迁移或新建这三种形式。复原是在大量调查研究和考证的基础上，仿照原来的建筑物重新建筑一个与它相似的建筑物；迁移是通过某种方式把建筑整体移到新的地块上；新建多是指建出和历史建筑不一样的建筑来。可以从两个角度考虑新建筑的设计：一种是用现代的建筑语言传递传统的建筑文化，重在表现现代；另一种是通过建筑设计完整的体现出过去到现在的发展历程，一个建筑里涵盖不一样的历史特色，重在表现历史。

　　位于卡普莱广场对面的汉考克大厦，在它的旁边建有约一百年的两座传统建筑（分别为教堂、图书馆）。但汉考克大厦虽然建筑高大、外观现代，它却因为建筑师的精巧设计，没有对这两座传统建筑产生过大的影响。汉考克大厦的平面沿着对角线设计成平行四边形，建筑的另一侧和街道以轴线关系建立，另外，在汉考克大厦东面的三角形开放地块，使汉考克大厦在建筑之前不易看到的教堂立面也完美出现在人们视野中。汉考克大厦通过运用玻璃幕墙的反射性，将教堂的形象映在楼中，使自身体量悄然消失（图 4-22）。

图 4-22　汉考克大厦玻璃幕

五、环境整治

历史城区的意义是它可以给人们精神上的传承和希望。经过设计的外部空间不仅可以使人们了解到更加丰富的传统文化，促进历史文化的传承，同时还可以满足现代人的各种生活需求。因此，在整个建筑更新的过程里，外部环境的更新设计对整个城区起到十分重要的作用。历史城区的外部空间是由多个临街界面组成的，其中分成垂直、水平两个不同的界面，因此，对历史城区的更新设计本质上也是使这两个界面得到更新。

（一）垂直界面更新

垂直界面主要是由街道两侧的不同高度、色彩、质感等的建筑物及其招牌、广告、照明等附属物组成的。临街建筑物的立面就像两面墙，共同组成了各种各样的街道空间，同时对街道构成线性限制，因此，建筑物的立面设计，包括色彩、质感、高度和建筑物前后关系都对街道外部空间设计有着特别重要的影响。

牌坊作为历史城区垂直界面中特殊的建筑元素，它们一般位于街道的入口处，少部分处于街道中（图 4-23）。在古时候，牌坊相当于现在门的称谓。在采用里坊制的唐代，城内的道路纵横交错，形似棋盘式，它把城里分割成不同的方形居住区，而这些居住区就被叫作"坊"。坊是居住的最基本单位，相邻坊之间被墙隔断，坊墙的中间设置门，便于人们通过，因此，这个门被称为坊门。后来因为这个门的作用不大，所以只保留现在的这种形态，后来，人们慢慢地把这种门叫作"牌坊"。

图 4-23 街道口的牌坊

（二）水平界面更新

历史城区水平界面的主要组成部分包括以建筑物屋顶为主的顶界面及以街道铺地为主的底界面。由于区别不同的交通方式，因此地面也对应选择不同的铺地材料和方法。

在历史城区水平界面的更新过程中，可通过一定的手法进行设计。如街道铺地的处理，有些街道虽然人车混行，但是在规定时间内车辆才能行驶进入；也可以通过铺设地面的处理方法，把街道空间延续到建筑内部，使街道同时作为建筑空间的延续。

（三）两个界面的尺度

霍尔作为美国人类学家，曾在《潜在尺度》（The Hidden Dimension）这本书里提出了以美国中年男子为例的四个级别的空间距离：

（1）亲密距离（0.15～0.45米），这种距离可以让人们进行爱抚、格斗、安慰、保护等行为动作。

（2）个人距离（0.45～1.20米），这种距离可以看清对方表情，获取交流信息等。

（3）社会距离（1.20～3.60米），这种距离可以产生社会交往的意向。

（4）公共距离（3.60～7.50米），这种距离让人们感到形同陌路。[1]

在历史街道内套用霍尔的空间距离的原理和芦原义信在《外部空间设计》中的研究，可得到：当D/H<1时，空间是比较封闭的；当1<D/H<2时，

---

① 常怀生.环境心理学与室内设计[M].中国建筑工业出版社，2000.

空间感受较为舒适；当 D/H>2 时，空间封闭感不强，显得较为开敞。

　　此外，建筑物外表面对街道空间的限制围合可以反映出临街建筑物前后关系，可以通过不同建筑物前后错位的方法，使街道产生凹入的小空间，从而在这种空间内进行不同的活动。

第五章 浚县古城历史城区内建筑保护与更新概况

第一节 浚县古城历史城区的保护现状

一、浚县历史城区范围界定和认知

（一）浚县历史城区范围界定

北至黎阳路、南至浮丘路、西至卫河、东至黄河路，包括浮丘山、大伾山（图5-1）。[①]

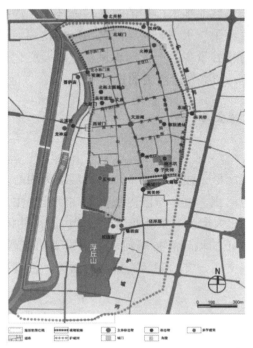

图 5-1 浚县历史城区范围

① 河南省浚县古城保护与旅游发展总体规划（2012—2025），2012.

（二）对浚县历史城区范围的认知

城墙依卫河与浮丘山而建，围合形成古城轮廓，东南西北四面分别设有城门以及瓮城，西城墙有允淑门和观澜门，东北、东南、西北、西南设置有角楼，其中只有东北角楼存遗址，其他三个角楼均已毁。街巷体系：以文治阁为中心，主干街巷为东西大街、南北大街。东西大街以北——横向次街：北小西门里—北仓口，南小西门里—东后街；纵向次街：关帝庙街；小段街道：新小西门里、县前街、文庙街、礼门、东斜街、马号口、后水坑、枣园街、北菜园胡同、东关丁字拐、东顺城街等。东西大街以南——纵向次街：南山街、王爷庙街、东城墙街；横向次街：辛庄街等。

二、浚县历史城区概况

浚县位于黄河故道的北岸，属河南省鹤壁市。因黄河改道，县城迁至现址，于1994年被国务院命名批准为国家级历史文化名城，是河南省7座国家历史文化名城中唯一一座县级国家级历史文化名城。自古就有"两座青山一溪水，十里城池半入山"的美誉，大伾山、浮丘山和卫河构成了浚县古城独特的"两山一水夹一城"的城市空间格局。经过多年的积淀，古城拥有以城墙为核心景观的一批历史风貌建筑及文化景观遗产，它们是彰显浚县城市个性、增强发展活力的重要支撑点。

（一）自然环境资源

1. 地理位置

古城墙历史城区位于浚县西北部，以古城墙为中心，北至黎阳路，南至浮丘山，西到卫河止，整个城区内部以居住功能为主，同时也兼容商业等其他功能，其中北大街为一条商业街。城区内的街巷体系保存比较完整，建筑形式多样。方正的城墙和护城河，十字交叉的东西大街（图5-2），遗存至今的县衙、文庙、文治阁、石桥与民居等，都具有重要的历史、科学和艺术价值。

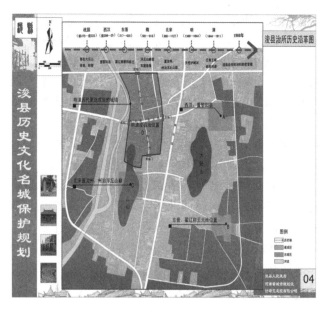

图 5-2　浚县古城墙片区位置

2. 气候特点

浚县地处太行山与华北平原过渡地带，年均气温 13.7℃，属暖温带半湿润性季风气候。当地人总结其地向地貌特点用是"6 架山，3 条河，大小 32 个坡，西有火龙岗，东有大沙窝"的鲜明形象。境内整体地貌较平缓，以平原为主，占据整体的 82%，丘陵面积占 18%。整体地势中部稍微高，西、东部平缓，最高海拔 231.8 米。境内河流总长 435.5 公里，分属黄河和海河两大流域。

3. 资源状况

浚县矿产资源丰富，开发前景广阔。水资源丰富。境内有卫河、淇河、共产主义渠流过。土地肥沃，气候温和，有利于发展农业生产，自古就流传着"黎阳收，顾九州"的说法。浚县每年都保持着 50 万吨以上的粮食产量，是全国的商品粮基地县，全国科技兴农示范县，国家扶持产粮大县，国家级小麦原种生产基地县，全国优质蜂蜜产品基地县，全国秸秆羊示范县，全国节水增产重点县，2006 年又被评为全国粮食生产先进县。

（二）历史人文环境

1. 浚县建制历史沿革

浚县位处古黄河之滨，据大赉店遗址考证，已经有七千年历史。夏代浚地地处冀、兖、豫三州之交，是夏文化和先商文化、东夷文化的交汇之地。商代浚地称黎，为京哉之地。周朝属北队卫，后康叔封卫，统领浚地。春秋时分属晋、卫。战国时属魏国。秦置郡县，分属东郡、河内郡和邯郸郡。西汉时始置黎阳县，属冀州魏郡，东汉因之。三国时属魏，西晋、十六国和北魏置黎阳郡，辖黎阳县。北周称"黎州"。隋朝改为黎阳县，属卫州（今卫辉），唐朝和五代依然称黎阳县，先后属卫州、滑州。宋时曾属擅州、河北道，期间几次改名，政和五年（1115 年）置浚州。金代、元代建置多变，直至明朝洪武三年（1370 年）方称浚县，据考证，由于黄河改道，县城迁至现址，属北直隶大名府。清初没有改名，至雍正三年（1725 年）改河南卫辉府。民国期间，先属河北道，后归河南省安阳行署。1949 年新中国成立以后仍称浚县，初属平原省安阳行署，1957 年后划入新乡，1962 年又复归安阳市，1983 年归属安阳市辖，1986 年浚县改属鹤壁市。

2. 浚县县治所的历史沿革

据文献记载有"黎阳城"（西汉至北宋故城）、"翟辽城"（东晋故城）、"通利军城"（宋代故城）、"浚州城"（宋元故城）以及明清浚县的城址[①]，均在今浚县县城或附近，见图 5-3。

图 5-3　浚县县治所在大伾山、浮丘山附近的历史沿革

（1）"黎阳城"（西汉至北宋故城）

据《浚县志》：黎阳城系西汉至北宋故城。引《汉书·地理志》：黎阳县属魏郡。应邵注曰：黎山（今大伾山）在其南，河（黄河）水经其东。

---

① 浚县地方史志编纂委员会.浚县志[M].中州古籍出版，2001.

其山上碑云：县取山之名，取水在其阳以为名。又引《水经注》：今黎山之东北故城盖黎阳县之故城也。山在城西，城凭山为基，东阻为河。故刘祯《黎阳山赋》曰：南荫黄河，左覆金城，青坛承祀，高碑颂灵。又引《元和郡县志》：黎阳县在黎山北。五代因之。据文物调查资料，今大伾山东北有黎阳城遗址。遗址南北长约 1500 米，东西宽约 1000 米，面积约 150 万平方米，文化层厚度 4～5 米，曾出土大量汉至宋代瓷器。据此可知，隋唐时的黎阳城在大伾山东北。"黎阳仓在大伾山"之说正与《括地志》载黎阳仓在"黎阳西南"吻合。

（2）"翟辽城"（东晋故城）

东晋太元十一年（386 年），丁零族翟辽袭据黎阳，次年在此称王，故名；唐代改为白马镇；后废。清嘉庆《浚县志》载："黎阳故城在县东南一里，古翟辽城也六朝时，城在大伾山东南一里，与故关相近，是以翟辽扼险据之，今废。"

据《河南省古今地名词典》载：翟辽城位于今大伾山东南一里余。南控古黄河黎阳关，与滑台隔河相望，北依大伾、浮丘两山，西临永济渠，襟山带河，形势险要。今有遗址。

（3）"通利军城"（宋代故城）

通利军城是宋代故城。《宋史·地理志》载："端拱元年（988 年），以滑县黎阳县为（通利）军。天圣元年（1023 年）改通利为安利。熙宁三年（1070 年）废为县。元佑元年复为军。政和五年（1115）升为州，号浚州军节度。《宋史·河渠志》载：政和五年，督水监言：虑水溢为患，乞移军城于大伾山、居山之间，以就高仰。据《河南省古今地名词典》载：通利军安利军平川军浚川军皆系一军政设置，取水陆畅通平安之意命名。军城在今浚县城东三里紫金、凤凰两山之间。后因黄河水患，迁至大伾山与凤凰山之间。高宗南渡后，军城遂废。遗址荡然无存。

《浚县志》记载：天圣七年（1029 年），地大震，军城（今浮丘山西）陷为湖，迁军治于浮丘山顶。

《宋史·地理志》：浚州，本通利军，属河北路。端拱元年，以滑州黎阳县为军。天圣元年（1023 年），改通利为安利。

（4）"浚州城"（宋元故城）

浚州城为宋元故城。最早记载见于《宋史·徽宗纪》："政和五年（1115 年）八月，升通利军为浚州，平川军节度。"《元史·地理志》载："宋为通利军金复为浚州。元（浚州）初隶真定，至元二年（1265 年）隶大名。"《明史·地理志》载："浚州治在浮丘山之西。"《读史方舆纪要》载："邹伸之《使达日录》：浚州城在小横山上，复有一山如堰月，与城对峙，盖宋置城于浮丘之西。明初徙县治于浮丘东北平坡上，去旧治二里。"

据《河南省古今地名词典》载：浚州城在今浚县浮丘山西一公里处。后地陷为湖，移治浮丘山巅。明洪武二年（1369年）降州为县，县治徙山之北坡。浚州城遗址今已无存，其确址和规模不详。

但是《浚县志》又记载：政和五年（（1115年）置浚州，州治在浮丘山巅，属河北路。说明浚州起初就设在浮丘山，在浮丘山之西一公里并且后来陷为湖的应该是浚州的前身——安利军。

（5）浚县城

明洪武二年（1369年）降州为县，始称浚县。县城在浮丘山之北坡。城垣已有东、西、北三面，西以卫河为险阻。弘治十年（1497年），知县刘台重修，两载竣工，城周长七里一百五十步，高二丈八尺，修四门之崇楼翼廊，髹绘彩耀，四隅增警舍。正德五年（1510年），知县陈滞增筑西城垣，抵山而上，西连浮丘，县城处在浮丘山之东北。嘉靖十一年（1532年），知县邢如默鉴于城西连浮丘，登高鸟瞰，指顾毕尽，不易戍守，乃向西南拓治，腾跨岗阜，枕浮丘，城如幢头，周五里，旧城谍易为砖，嘉靖二十九年，知县陆光祖据山巅险绝处，改筑城垣，增高一丈，加阔五尺，建筑敌楼，置戍铺，城谍悉以砖砌。万历二年（1574）年，知县杨榕重修，包浮丘之半于城内（今城址），在城墙顶部东西两角筑炮台，城四周设大小城门6座，城垣周长一千三百余丈，宽两丈余。城如镢头，形式壮丽，即今之浚县城址。清末民国初期，由于战争城墙被损坏，"文革"期间，残留的原城门、城楼及大部分城池被拆除，导致仅保存沿卫河南北长876米，高7米的古城墙以及姑山南侧古城墙遗迹，其历史位置演变（图5-4）。

图5-4 浚县古城墙历史位置的演变

浚县县治格局的历史沿革，在现浚县城附近的大致有如下的演变：

①黎阳城（西汉至北宋），在大伾山东北。

②翟辽城（东晋），在今大伾山东南一里余。

③通利军城（宋代），在今浚县城东三里紫金、凤凰两山之间。后因黄河水患，迁至大伾山与凤凰山之间。

④安利军城（宋代），在今浚县浮丘山西一公里处。后地陷为湖，移治浮丘山巅。

⑤浚县县城（明清时期），在浮丘山之北坡。

其演变规律是依据特定的山水环境，傍大伾、浮丘两山，与黄河故道和卫河发生紧密的关系。

3. 民俗文化

浚县民俗文化和民间艺术源远流长，是全省首批文化改革发展试验区。社火习俗，自明末盛行，至今延续不衰。正月古庙会被文化部列入"中国民族民间文化保护工程第二批试点项目"，被评为"河南民俗经典"。浚地名流辈出，有春秋端木子贡、西汉贾护、初唐王梵志、明代王越等历史名人。

（三）古城墙的形成及发展环境

浚县古城墙（图5-5），始建于明洪武二年（1369年），明清时期经历了数次重修，古城渐趋完整。1949年后，原城门、城楼及大部分城池渐渐被拆除，现仅存沿卫河一段南北长768米、高5.7米、宽7米的古城墙遗迹（图5-6）。城墙南北两侧有两个券形顶城门，北面的叫观澜门，南面为允淑门，其中允淑门高4.75米、宽5.48米，门左侧墙壁嵌明崇祯十四年（1641年）修允淑门石碑1通。

图5-5　浚县古城墙

浚县古城墙历史城区的重要建筑遗存——古城墙，虽无都城城墙的规模与宏伟，却是构成浚县古城特殊山水空间格局的重要组成元素，正是因为城墙的存在，才串联起卫河、大伾山、浮丘山，把山、水、城等元素很好地结合在一起。浚县古城墙没有采用方正规矩的形式，而是利用周边山水地貌，建造成为不规则的形状，在中原城墙建造史上具有鲜明的特点。

图 5-6　城墙断面图

　　古城墙和护城河是古城墙历史城区平面中的最主要构成脉络，不仅在城市的空间格局中共同勾勒出老城的平面轮廓，也是整个片区发展的控制性因素。中国古代所建城池数量众多，然而能够保存下来的则较少。全国现存的古城墙已不多，浚县古城是中原地区保存较为完好的古城之一，其规模不算很大，然而自有独特之处，甚至还有从"南京到北京，比不上浚县城"的说法。

三、浚县历史城区空间格局及风貌概况

（一）浚县总体空间格局

　　浚县县城由老城区、新城区、卫西区三个部分构成。老城区西边是卫河，东南方向与大伾山遥遥相望，浮丘山位于老城区西南部，形成了古城独特的"两山一水夹一城"的城市空间格局（图 5-7）。

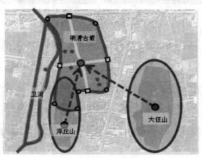

图 5-7　浚县县城的空间格局

"浚县地处广袤的中原大地，但是在县城的西侧和东侧分别突起了大伾山和浮丘山两座秀丽的山峰，中间又有卫河自南向北蜿蜒穿过，形成了北方城市独具特色的外部自然山水的空间格局。古人云"浚城如舟在水中，则所谓舟居非水矣，虽然天如倚，盖地若浮舟，宁惟此城哉"。大伾山、浮丘山和卫河是浚县老城区外部空间格局的关键所在（图5-8）。

图5-8　浚县古城山水格局空间表达

（二）自然山水格局关系

浚县地处豫北平原地区，但在县城却有大伾山、浮丘山两座秀丽山峰。古县城与两座青山紧依相连，有"两座青山一溪水，十里城池半入山"之美誉，两山作为浚县古城格局特色的重要构成元素。

1.大伾山风貌

大伾山，位于县城东1千米处，南北长1.75千米，东西宽0.95千米，面积1.66平方千米，至高海拔135米，相对高程70米，为太行山余脉（图5-9）。我国最早的史书、五经之首《尚书·禹贡》篇中记载：大禹疏河"导河积石东过洛油，至于大伾"即指此山，因此历代称为"禹贡名山"。虽然海拔高度只有135米，但却是我国文献记载最早的名山。商周时，浚地称黎，大伾山称黎山。西汉初，朝廷在黎山脚下、黄河之滨设置县，"县取山之名，取水在其阳"，因称黎阳，大伾山亦名黎阳山。东汉初年，刘秀在山巅筑青坛祭告天地，遂赐名"青坛山"。明初，俗称浚县东山。北宋以前，黄河在大伾山西折而向南，又东转而过，再又折北而东。北宋时，大伾山下是宋辽两国交往的必经渡口黎阳津。

图 5-9　浚县大伾山

大伾山现有国保级文物 1 处，省保级文物 8 处，古建筑群 8 处，寺庙洞阁 130 多间，历代摩崖题刻 460 余处，汉唐古柏 400 余株。著名者有天宁寺，寺内保存较好的五代后周时期的《准敕不停废记碑》，为现存最早的碑刻，也是研究后周灭佛的重要资料。寺后有一座远近闻名的大石佛，位于大伾山东麓，高 27 米，因佛高于楼，故有"八丈石佛七丈楼"和"全国最早、北方最大"的石佛之说。此外还有北魏大石佛就在大伾山东麓，是国家级文物保护单位。石佛是一躯善跏趺坐式大型弥勒佛像，高 22.29 米，距今已 1600 余年。目平视，唇紧闭，挺两肩，表情庄重，左手覆膝，右手屈肘前举，示无畏印，坐四方墩，脚踩仰莲，脚面平直，五趾平齐。《准敕不停废记碑》载：大石佛"首簇连珠，肩偎合璧"。今大石佛系螺髻发式，披双领下垂式五彩方格袈裟。另外位于大伾山的千佛洞是中原石刻艺术的精典之作（图 5-10）。

历史上，有十几位帝王将相亲临大伾山，千百年来，有王维、范成大、王阳明等二十多位著名诗人墨客留下脍炙人口的诗篇。名人大家的到来，极大的提高了大伾山的文化品位，并为其赋予了永久的魅力。

图 5-10　浚县大伾山外轮廓

2. 浮丘山风貌

浮丘山，位于县城西南，因此又被称为"南山"。浮丘山位于大伾山之西1千米处，东峙大伾，北靠老城区，西滨卫河，南北长约1.15千米，东西宽约0.65千米，面积约0.98平方千米，海拔103米，相对高程45米（图5-11）。形势险峻，故有"阳平关险甲天下，浮丘山城甲四川"之说。浮丘山在宋代以前有"小横山"之称，到了金元时期又称"浮龙山"，后来因其叠峰三层，山势像极了漂浮的轻舟，所以大家又称之为"浮丘山"，明嘉靖年间，古城的西边扩建城墙，横跨浮丘山，将山分为两部分，形成了"山中有城，城中有山"的城市格局。山上遍布亭台楼阁，庙宇寺庵，此外还有一处国家级文保单位——千佛寺和省级文保单位——"碧霞宫"。

图5-11 浚县浮丘山外轮廓

3. 卫河风貌

卫河，发源于太行山南麓，史书记载见于《水经注》，其源头接近淇河东岸（图5-12）。东汉建安九年（204年），曹操在淇水口下修建堰，遏淇水东入白沟，以便潜运，大致形成了今天卫河的态势。隋大业四年（608年），开永济渠，成为南北大运河一段，是南北水运的要道。唐宋时期又称为御河。后因其流经古卫国黎地，故又称卫水。从东汉到清末之间的1700余年，卫河一直作为运输要道，为我国北方的经济发展起到了重要的推动作用。

图5-12 卫河现状

卫河沿浚县古城城墙西部穿过，紧挨城墙由南向北流过。县城西部将卫河作为屏障，城墙沿卫河一段开有观澜门、允淑门两个便门。古时浚县县城自浮丘山南引卫河水，绕东、南、北流过，至西北注入卫河，形成环状护城河，也成为了县城格局的重要制约因素。

（三）城市城池空间格局关系

现在保留下来的浚县城始建于明洪武三年（1370年），在当时城垣只有东、南、北三面，西以卫河为险阻。万历二年（1574年）知县杨榕重修，西滨卫河，将浮丘山的一半包在城内。城如幢头，形势壮丽，也就是我们现在所看到的浚县城址，民间有云："南京到北京，比不上浚县城"，诚然不虚。原浚县城不仅仅是城池坚固，更可贵的是其"襟山带河"的地理位置。

浚县城气势宏伟，城垣坚不可摧。东南西北四个方向各开设一门，横额上分别书"东望擅云"、"南控黄流"、"西瞻行翠"、"北迎紫极"，四门外各建一石桥，桥头各建一石坊。各城门均设有瓮，南北两门用青条石砌成。西面将卫河作为屏障，其余三面修建护城河，并引卫河之水，长八里，宽两丈。东西短、南北长，整体向西略倾斜是整个浚县古城的空间格局。浚县古城以文治阁为中心，形成南北大街和东西大街为轴线的大街格局。城内还保留有县衙、文庙、城隍庙、云溪桥等重要建筑及位于城南的端木坑、子贡祠和明清时期的民居，这些构成了鲜明的古城格局。

（四）城区建筑现状分析

建筑高度现状：在古城中心地带保持在低层建筑水平，与整个古城的空间尺度统一协调。在靠近黎阳路与黄河路地带，建筑高度有上升的趋势，以多层建筑为主（图5-13）。

建筑风貌现状：现状建筑风貌保存比较好的主要集中在南山街、北小西门里、文庙以及周边地带、子贡祠周边地带；东西大街、琵琶岛、顺河街南部、沿黎阳路等地带风貌较差；其他区域风貌一般（图5-14）。

建筑质量现状：现状建筑质量较好的主要分布在沿黎阳路、黄河路、南山街、东大街、北大街等周边地带，建筑质量一般的主要围绕着十字街周边，建筑质量较差的比较分散（图5-15）。

建筑年代：建筑的年代与建筑历史相关，古城内历史文化保护单位的年代都较长，其中新世纪的建筑比较大量（图5-16）。

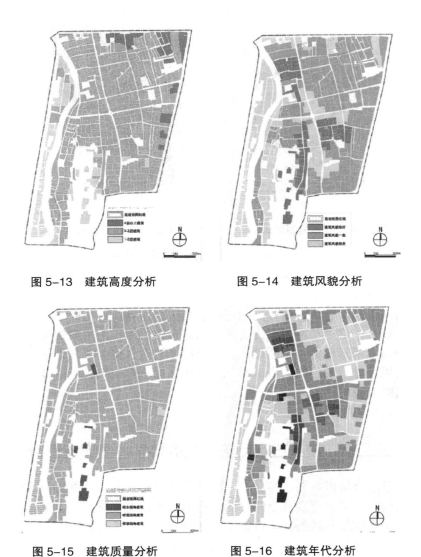

图 5-13　建筑高度分析　　　　　图 5-14　建筑风貌分析

图 5-15　建筑质量分析　　　　　图 5-16　建筑年代分析

　　建筑屋顶形式现状：历史长久的建筑，其屋顶形式多为坡屋顶，近现代建筑多为平屋顶。坡屋顶主要集中在北大街、南山街、顺河街、子贡祠周边地带（图 5-17）。

　　建筑结构现状：古城的历史建筑其建筑结构多为砖混结构，文庙、浮丘山道教建筑的砖木结构比较明显，沿黄河路与黎阳路有少量的框架结构（图 5-18）。

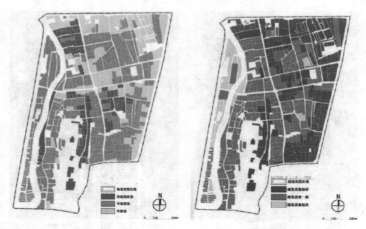

图 5-17　建筑屋顶形式分析　　　图 5-18　建筑结构分析

　　建筑价值综合评价：现状建筑价值的判断，从建筑质量、建筑风貌、建筑结构、建筑高度、建筑年代、建筑屋顶形式等要素出发，通过要素叠加的方式来判断建筑的价值以及其分布规律。从浚县古城建筑分析综合叠加图可以读出，建筑价值较高的地带主要集中在县前街与北小西门里街形成的区域、子贡祠与端木坑周边区域、南山街与浮丘山形成的带型区域、顺河街与卫河形成的带型区域。在以上四个较高价值区域，则是古城保护与活化以及旅游发展的重点地带，其历史文化、建筑风貌价值能更好地体现古城的风貌与特色。

第二节　浚县古城历史城区的科学价值调查评价

　　本节结合城市规划、社会学、经济学等学科理论，以浚县古城墙历史城区为研究对象，分别从空间层面、建筑层面、街区层面、文化层面等方面探索了古城墙片区的科学价值。通过研究，提出适合古城墙片区可持续发展的活态更新策略，促使具有地域特色的历史城区科学价值体系的建立，抑制并解决近年来因城镇化速度过快引起的地域特色的缺失、人居环境可持续性不足、人文资源匮乏等突出问题。

一、空间层面

（一）平面布局

1. 古代平面布局

浚县古城平面的形态具有独特的风格（图5-19），是从防御、防洪的角度出发，因地制宜，这些都对黎阳城的布局产生了重大影响，大伾山、浮丘山和卫河构成了浚县古城独特的"两山一水夹一城"的城市空间格局。在古代北方的城市建设中，这样独特的山水空间格局极为少见，由于其得天独厚的地理位置，致使其军事作用十分重要，自古以来就是兵家必争之地。大部分城墙沿着山崖修筑，地势险要，易守难攻。浚县完整的城墙始建于明代洪武年间，浚州改为浚县之时，当时只有东、北、南三面筑有城墙，西面只有卫河作为天然屏障，随着城市的发展，后来在西面也修筑了城墙，以加强其防御功能。整个浚县古城呈南北长、东西短，向西略倾斜的不规则形态。

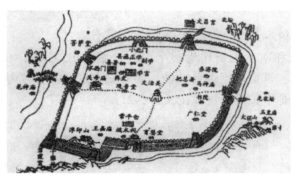

图 5-19 浚县老城区古代空间格局

2. 现状平面布局

城墙和护城河构成了浚县古城历史城区平面形态的重要元素，后期由于战争原因，城墙被损坏严重，又加上人们对于城墙的保护意识薄弱，城墙又进一步受到毁坏。现存的护城河只有城墙西侧的尚在，东、南、北三面的河道干涸甚至有的已经被填平，浚县古城历史城区的平面轮廓形态已经不甚明显（图 5-20）。但是城墙和护城河依然是老城区空间格局的重要物质要素，是平面形态中最直观的元素，都具有较高的研究价值，2000年，城墙被省政府公布为省重点文物保护单位。

图 5-20 浚县古城现状平面布局

（二）道路走势

1. 传统道路走势

浚县古城历史城区的道路采用棋盘式的路网结构，这种路网布局系统简单，便于交通，不会形成复杂的交叉路口，同时也方便建筑布局。其中东西大街和南北大街作为古城的主要交通干道，同时也是古城的中轴线，分别连接着四个城门，其他街巷均匀地分布在这四条街周围，居住区内采用临街设店的形式，又进一步形成了次一级的棋盘路网。古城内部巷道纵横交叉，再点缀一些标志性建筑，具有传统的城市空间格局特征。

2. 现状道路走势

东西大街和南北大街作为整个浚县古城历史城区的中轴线和道路骨架，一直都承担着老城区商业功能，随着城市发展，老城内的建筑业一直都在更新，但是中轴线一直都在（图5-21）。

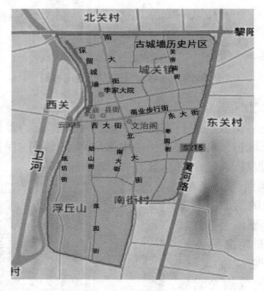

图5-21 浚县老城区道路现状

老城区内部的传统街巷主要有小西门里街、北小西门里街、新小西门里街、北菜园胡同、北仓口、东后街、南山街（图5-22）、辛庄、南仓口等，纸坊街、菜园街也均是传统的街道，街道的尺度、走向基本没有改变，道路也没有拓宽，但是路面均已经过整修。

图 5-22　西大街、南大街

（三）建筑围合

　　整个浚县古城的城市布局以县衙为中心，遵循了古代《礼制》的传统布局手法。文治阁作为古城的中心，矗立于东西大街、南北大街的交叉点，县衙办公署位于小西里街，距离文治阁西门方向 200 余米，文庙处于县衙东侧，这样的布局也是符合"左文右武"的布局原则。城东南部有育婴堂、广仁堂，城东北部有把总署、马神庙、养济院、书院，城南半部有常平仓、端木祠，城北半部有关帝庙[1]，这些建筑均是采用方形合院式，规模大小不同（图 5-23）。

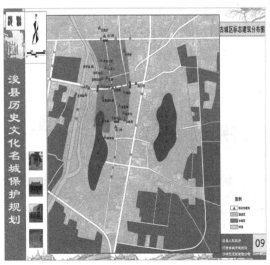

图 5-23　浚县古城建筑分布

[1]　张驭寰.中国古代县城规划图详解[M].科学出版社，2007：34.

二、街区层面

（一）北小西门里街区

北小西门里街正对着古城墙上的观澜门，其范围是北小西门里路南至马号口，路北至新小西门里，西城墙以东，北大街以西（图 5-24）。

图 5-24　浚县古城历史街区布局

街区里以居住为主，且居住的多是传统的民居，大多为合院式，其中，李家大院是保存比较完整的民居（图 5-25）。

图 5-25　李家大院院落布局

（二）南小西门里街区

由古城墙的允淑门进去便是南小西门里街，街区范围是西大街路北，北小西门里以南，西城墙以东，礼门——马号口路以西。街区内部仍是居住为主，但是却有重要的历史文物遗迹，有县衙遗址、文庙、黎阳仓等。

同北小西门里街区一样，南小西门里主要居住建筑都是传统的硬山灰瓦式，但是也有相当一部分改为近代建筑，破坏了原本历史城区的和谐，还有一部分传统建筑年久失修，破败不堪，人去楼空，记载着古城历史的特色变得不太鲜明。

三、建筑层面

（一）现存的建筑

1. 粮仓

黎阳仓是隋朝的国仓之一，更是隋唐北宋时期的重要官仓，西濒大运河永济渠，东临黄河，水运极为便利，战略位置重要，距今已有1400年的历史。黎阳仓是隋唐时期大运河沿岸重要的国家官署粮仓，在整个大运河漕运体系中起着"中转站"或"储备库"的重要作用，史学界和考古界一直都很关注粮仓遗址，2011年11月考古学家对黎阳仓所在的大伾山北麓近10万平方米区域进行钻探调查，最终发现的与黎阳仓有关的主要遗迹有仓城的城墙、护城河、仓窖、夯土台基、大型建筑基址、路、墓葬、灰坑等。古粮仓依山而建（图5-26），平面近似正方形，东西约260米，南北约280米，总面积约78800平方米，共有84座粮仓仓窖，占到总面积的80%，由于受到环境条件的限制，还有很多区域没有探测，实际的粮仓总数一定远大于这个数量。仓窖排列整齐，规模不等。随着城市的发展和自然环境的损坏，部分仓口遭到很大程度的破坏。据文献记载，黎阳仓在隋朝建立并投入使用，据考古发现到北宋时期，隋唐黎阳仓仓窖之上，又曾建造了地上粮仓，地上粮仓约废弃于北宋末年。至于唐代中晚期黎阳仓因何而废，尚无科学依据。

黎阳仓遗址的发现与发掘，对佐证鹤壁浚县隋唐大运河历史和大运河（永济渠）申报世界文化遗产具有重要意义。2014年6月在卡塔尔首都多哈召开的第38届世界遗产大会上，大运河滑县—浚县段、黎阳仓遗址被列入大运河世界文化遗产。

图 5-26 浚县黎阳仓全景俯瞰

土圆粮仓（图 5-27）位于浚县北街，建造于 1956 年，仓身为砖结构，圆柱形，仓顶为攒尖灰瓦顶，下部面东北开仓门，上部设置有 14 个通风窗和一个仓门，仓内顶部为木梁架结构，梁架用木条和泥搭建。土圆粮仓作为运河文化历史遗存，具有重要的历史文化标识意义。

图 5-27 粮仓遗址

2. 民居

一个地区的民居样式受历史、气候、环境等多种因素的影响，因而表现出各自独有的特色。河南民居，处于由北到南的过渡地带，既没有北方四合院建筑的敦厚、粗犷，也不比江南水乡建筑的灵巧、秀气，但是作为华夏文明的发祥地，河南民居不但丰富多样，用料和做法也颇具特色。浚县民居作为河南民居的有机组成部分，具有河南民居的一般特征：既大方稳重，又不拘泥于严格的中轴对称或四合院的规制，多为当地民众自发修建而成，表现出明显的北方建筑的特点，以及地处从南到北、由东到西过渡地带的变化特征。

李家大院经文物局的测定，距今已有 220 年的历史，这组建筑历史上为浚县当地大户李家所有，现已属浚县粮食局所有（图 5-28）。"李家大院"经过李家几代人的修建完善，形成了很大的规模，但如今东西跨已无，目前完整保留下来的只有一个两进的主院。[①]

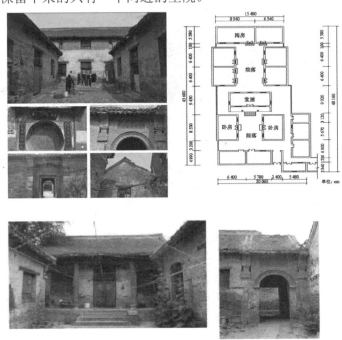

图 5-28　李家大院遗址

李家大院位于浚县老城北小西门里街北侧，现有院落南北 45 米，东西 14 米，占地 630 平方米。建筑以南北为轴线，东西对称分布，座北朝南，一进两院，均为清代硬山灰瓦建筑。临街房 5 间，东侧第一间为过厅，经过厅向西折转入前院，前院主房面阔 3 间，带前廊，东西厢房各 3 间，从东厢房入后院，后院主房 5 间二层，东西厢房各 4 间，是现存较为完整的清代民居，对研究浚县城区清代民居建筑结构和风格有较高价值，对国家历史文化名城典型民居的保护有重大意义。

"浚县数北街，北街数西门里，西门里数李家"，北小西门里街只住着四大家：李家、刘家、马家和王家，当时基本都是一大家子住在一起，以前李家家族最鼎盛的时候，在李家大院里生活居住的族人有近百人，还

---

① 侯幼彬，等．中国建筑史图说［M］．中国建筑工业出版社，2002.

不算仆人和丫鬟。

3. 县衙

浚县县衙遗址（图 5-29）地处浚县县城观澜门内南小西门里街，明洪武三年（1370 年）知县项如英始建，永乐年间知县王宪、鞠芳，宣德初知县焦瑾相继增晌，弘治十四年（1501 年）郭东山重修县衙坐北向南。

图 5-29　浚县县衙遗址与现状

新中国成立后，城镇粮油分公司占用了县衙的北部，县公安局占用了东部和南部。2000 年，县公安局从中搬出，并将县衙东部的 18.5 亩地卖给房地产开发商。在开发过程中县衙内大量古建筑被拆，后因文物部门及时制止而停工。现存遗址南北约一百零八米，东西约一百三十米，面积一万四千平方米。县衙内保存有清代建筑二座、房基五处、石狮子一对、经制名缺碑、重修浚县公府记碑、王知县事实坪先生德政碑以及大量石柱础等重要文物古迹，然而典史署、县承署、仪门、二堂、三堂等建筑已经消失。

浚县县衙是浚县历史文化名城的重要组成部分，对研究浚县明清县衙建筑的形制特征、发展变迁、机构设置，进一步挖掘名城文化内涵和空间格局特征具有重要意义。

4. 文庙

浚县文庙（图 5-30）位于城内西小门里街，座北向南，规模宏大。据《浚县志》记载，浚县文庙始建于元代，位于浮丘山，元末毁于兵火，于明洪武六年（1373 年），于县衙东临重建，主要建筑有棂星门、泮池、状元桥、戟门、大成殿和厢房，历代碑碣众多，古柏森森，另有一株唐槐。文庙西望便是允淑门，南行便是南山街，这是浚县的一条重要历史街区，以民居为主。街区内的有翰林院（端木子贡后裔住宅，康熙亲封）、梅花巷（县城记载最早的一条街道）、白衣阁等文物。经明清两代重修与扩建，院落宽敞、布局紧凑，目前保留下来的文庙位于南北大街的西侧，按照传统的"文左（东）武右（西）"，似乎不符合古代城市建设的格局，但是，它位于县衙的东侧，仍是沿用了文庙的选址规律，与传统的礼制相符合。

图 5-30　浚县文庙

　　浚县文庙作为浚县段大运河沿岸重要文化遗存之一，同时也是河南省重点文物保护单位，占地面积近 5000 平方米，规模宏大（图 5-31）。进入前院，泮池横于眼前，一小桥跨越其上，一棵唐槐矗立于泮池的东南边，大约有 4 米的直径，虽然心已成空洞，但仍生机盎然，更神奇的地方是，洞内竟然还生长着一棵高大的榆树，俗称"槐抱榆"，观看之人无不赞叹大自然之的神奇。进入二进院，院正中为"大成殿"，殿前有一座子贡铜像，殿中供奉孔子、四配、十二贤诸牌位，东西廊房内供奉孔子 72 弟子牌位。大门右侧的墙上嵌有"以应文武官员至此下马"石碑，以示尊孔。据说，全国有 72 处文庙，河南共有 5 处，浚县文庙是其中之一。

　　以上是过往文庙的史料记载，2014 年 3 月，笔者再去时，浚县政府已经对文庙进行复原，除了照壁，木栅门等已逐渐修复。然而，已不见古时文庙的兴盛，虽处于免费开放状态，仍然人烟稀少，很少有人来看这些传统的建筑。

　　5. 文治阁

　　文治阁（图 5-32）始建于清代，距今已有 400 余年，因其位于浚县古城的中心位置，故名曰"中心阁"，康熙四十八年重修，后改为改名文治阁，寓意"以文为治"，是浚县老城区整体空间格局的制高点和标志性建筑。

图 5-31　文庙院落布局

图 5-32　文治阁

　　文治阁是河南省文物保护单位，目前保存较好，但其周围建筑已经更新，文治阁处于孤立的状态，同周边的环境不协调，浚县古城空间格局制高点的意义已不再存在。

　　6.云溪桥

　　据《浚县志》记载，浚县城墙四门外各建一石桥，分别以东、南、北关名之，只有西面的称为"云溪桥"。桥头各建一石坊，东曰"任山耸翠"、南曰"浚城古治"、西曰"卫水环清"、北曰"河朔明封"。东南北三面城墙下挖有护城河，"其阔五丈，深及泉"。自浮丘山南引卫河水，绕南、东、北而过，至西北再入卫河。如今，东、南、西三面的石桥保存较好，只是三面的护城河早被填平。

云溪桥现为省级文物保护单位，位于浚县老城区西部卫河上，明正德年间始建，期间经过多次整修并保留下来。据文献记载：云溪桥为五孔桥，长60米，高10米，宽12米，中孔高大，便于舟通行，券额上雕一"虎头"，两侧饰以花卉图案，桥两端墩基四角各置卧姿态水兽，形象凶猛逼真，艺术价值较高。但是由于年代的久远，桥身和桥上雕刻的图案有不同程度的损毁。

（二）消失的建筑

1. 慈善建筑

古代的慈善事业一般都是官民合作，发展迅速。浚县同样有许多慈善建筑，其中最突出的是广仁堂、育婴堂、常平仓和养济院。广仁堂、育婴堂是属于民办官助，养济院、常平仓则属于官办民助。[①]

育婴堂位于老城内南门东侧，作为收养弃婴的慈善机构，可以追溯到南宋的慈幼局，经历了元明时期的落寞，到了清代得到了很大的发展，它在行政管理，经费筹措，资金管理，弃婴收养、保育、遣送等方面采用的措施，不仅在中国历史上，而且与西欧同期的类似机构相比也是更为先进和合理的。[②] 在现在社会中，育婴堂可以看作是孤儿院性质的建筑。

养济院位于县城的东北部，马神庙的北侧，它是官办机构，由政府出资建设，是我国古代收养鳏寡孤独的穷人和乞丐的场所，是我国现代养老院、敬老院等福利机构的前身，一般情况下养济院的规模大小、位置没有严格的规定。

广仁堂位于县城东南，希贤书院的南侧，以施棺助葬为主要职能，以掩埋暴露尸骨为主要职能。

常平仓位于老城的西南，南大街以西，端木祠以北，是在嘉庆六年（1801年）由南大街预备仓和北大街存留仓改名而来，南仓130间，北仓17间。常平仓是封建社会地方官府储粮仓库的一种。它以平抑谷价、赈救灾荒为主要目的，在封建社会救荒史中占有重要地位。[③] 常平仓是浚县古代仓储类建筑，在浚县的整体空间格局中起到重要的作用。

2. 庙宇

关帝庙位于老城内西大街北侧，西门的东侧，东西轴线上。从名字上

① 黄鸿山，等. 清代慈善组织中的国家与社会 [J]. 社会学研究，2007 (4)：52.
② 万朝林. 清代育婴堂的经营实态探析 [J]. 社会科学研究，2003 (3)：114.
③ 张岩. 论清代常平仓与相关类仓之关系 [J]. 中国社会经济史研究，1998 (4)：52.

可以明显地看出是专门祭祀关羽的庙宇，从宋元到明清时期，关公的形象在民间受到热烈的崇拜，统治阶级也逐渐意识到了这一点，为了笼络人心，进一步巩固自己的统治者地位，他们极力的宣扬关公精神，所以在府、郡、县城中大肆的兴建关公庙，关公庙开始普遍存在。

观音堂位于西大街中部，县城的东西轴线上，是专门供奉观音的寺院，是佛教文化的代表。

马神庙位于老城东西轴线上，在东大街的北侧，是因为崇拜马才修建的庙宇。古代社会人们以马代步，马在人们的生活中起到重要的作用，同时马匹对政治、经济、军事发展都带来了重要的促进作用。马神庙的建立是同马政密切相关的。

3. 书院

书院作为古代社会的教育机构，其选址在长期的发展中由选择山水形胜之地向城镇择地建设。明清两代，浚县有书院9处，即性道书院、阳明书院、浮丘书院、黎公书院、文昌书院、黎阳书院、希贤书院、锡山书院、黎南书院，其中性道书院和希贤书院位于老城内部，文昌书院位于城北门外文昌阁。浚县的性道书院建于弘治十二年（1499年），位于县城南大街路东预备仓后，清代改为子贡祠。希贤书院则位于县城东门里。

四、文化层面

除了物质文化遗存，浚县繁盛的民俗文化资源和民间手工技艺，构成了丰富多彩的非物质文化资源体系，也是古城重要的资源组成部分（图5-33）。

（一）庙会文化

浚县正月古庙会最早是在赵皇帝石勒开凿伾山大佛时期，至今已有1600年历史，享有"华北地区四大庙会之一"的称号，与其并列的还有山东泰山庙会、山西白云山庙会、北京妙峰山庙会。庙会起始于人们上山拜佛，集结上香，规模小，人数也少。随着浚县城的发展变迁，庙会的规模也逐渐扩大，到了明代已经初具规模，到清康熙年间，浚县古庙会已颇为兴盛，直到清末至民国年间仍延续不衰，后一直延续至今。浮丘山正月大会，会期持续半个月，高峰日赶会人数达二十余万，届时浚县城隍庙内要举行盛大庙会活动，庙内张灯结彩、唱戏酬神、祭祀仪式颇为隆重壮观。2007年，正月古庙会被评为"河南省十大民俗经典"。

非遗资源等级及类别		代表性资源
国家级非物质文化遗产		泥咕咕、浚县民间社火、西路大平调
省级非物质文化遗产		古庙会、黄河古阁、蒋氏传统手工书画装裱修复、浚县九流渡添仓会、王学军木旋玩具、快庄正骨、枣庄周氏口腔咽喉科、浚县青石雕刻
市级非物质文化遗产		吴氏花生米、孙氏面供、杨氏木杆衡器、面人张面塑技艺、木杆衡器、莲花落内容、落座、泥猴张艺术、孙景友面塑、铜器
县级非物质文化遗产		端木陶艺、万福虎、浚县王民剪纸、民间纸扎、木版年画、卫平根雕、棉编织、浚县井固柳编、浚县小寨柳编、老君寻酒酿造技术
其他	餐饮	京点八件、仙糖人、王记镇牛肉、角场营元宵、义兴蒋烧鸡
	戏曲	除西路大平调外，浚县流行的剧种有豫剧、大平调、乐腔、二夹弦、大锣戏、京剧、五调腔、坠子、河南曲剧等十余种。豫剧、大平调是浚县的两大传统剧种。浚县豫剧的声腔属中州音韵的豫东语调，唱腔高亢激越，奔放明朗。其古装传统剧目有300余出。大平调俗称"大梆戏"，是浚县第二大剧种，大平调板式属梆子腔系。唱腔深沉浑厚，念白吐字清晰，做功细腻简练，动作粗犷有力。
	曲艺	浚县曲艺历史悠久，种类繁多，乡土气息浓厚。其形式主要有评书、坠子、道情、莲花落、快板书、相声、山东快书、山东琴书、三弦等。
	音乐	浚县民间音乐有铜器打击乐、唢呐吹奏乐、歌舞伴奏乐等等，多见于社火玩会出演。寺庙活动和喜庆婚丧之日，由民间艺人和僧道伴奏。
	民间舞蹈	浚县民间艺术十分丰富，有玩会、狮子舞、高跷、秧歌、花船、竹马、龙灯、抬歌背歌、抬老四、大头舞、放河灯、放烟火和添仓会。其中社火玩会，分布之广，规模之大为邻近县县所不及，其形式多样，内容丰富。全县有玩会230多家，占行政村数的45%。较大村庄几乎村村有会，户户赶会。
	宗教音乐	宗教音乐即寺庙音乐，由僧道在寺庙参神拜佛或为人祈请或殡丧时演奏。其乐曲庄重稳重、朴实圆润、和谐委婉。尤其是丧事乐章，曲调凄凉、如泣如诉、催人泪下，感染力很强。
	文艺创作	产生于西周至春秋中叶的我国第一部诗歌总集《诗经》有多篇采自浚地，形象地描写了当时的风情世态，显示了先民文学创作的智慧和才学。
	历史名人	子贡、李崟、王梵志、谢偃、卢楠、王越等。

图 5-33　浚县丰富的非物质文化遗产资源

如今，素有"华北第一古庙会"的浚县正月古庙会会期从正月初一到二月二长达一个月，会期长，规模大，保持着传统的明清特色，吸引着晋冀鲁鄂皖周边 20 个省市以及海内外的数百万香客游人，高峰期有 30 多万人（图 5-34）。

图 5-34　浚县古城庙会文化

（二）泥塑文化

浚县作为中国民间艺术之乡，其工艺品久负盛名，民间艺术形式多种多样，其中捏泥塑的传统手工艺时间悠久。浚县的捏泥塑文化可以追溯到隋朝末年，起初主要是简单捏一些兵将，主要是用来寄托对于战争中死去的将士的思念，发展到后期，泥人的题材也越加广泛，不再局限于战争，大家尽可以发挥自己的聪明才智，即兴创作，形成了老人稳、孩子稚、男人刚、女人柔的特点，捏来捏去，平平常常的泥巴焕然一新，一下子变成了古朴典雅的艺术品。买卖泥玩具成了浚县庙会的主要内容，各地的泥塑商贾也云集浚县，趁庙会期间贱买贵卖，远销外省各地。

浚县泥玩具题材广泛、内容丰富、粗犷憨厚。泥人多系历史人物如瓦岗寨英雄有：徐懋功、王伯当、秦琼、尉迟敬德、程咬金、罗成等。禽鸟有燕子、小鸡、凤凰，动物有小马、小猪、小猴，水族有小鱼、蛤蟆、乌龟等（图 5-35）。

图 5-35　浚县古城泥塑文化

民间泥玩艺术距今有 1200 余年的历史，以种类繁多、造型奇特、风格各异著称，中国美术馆、中央美术学院均有收藏。起源于隋末的"泥咕咕"是浚县特产，泥咕咕是浚县民间对泥塑小玩具的俗称，因为能用嘴吹出不同的声音，所以形象地称之为"咕咕"。2006 年 5 月 20 日，泥咕咕列入国务院颁布的第一批非物质文化遗产名录。

（三）社火文化

浚县古城的历史文化底蕴丰厚，其中民间文化极具地方特色，是组成中原文化不可或缺的部分，民间社火是群众民间娱乐活动的一种表现形式，其历史久远，自上古虞舜时期至今，经历了萌芽、成熟、去着发展等时期。

社火是一种农民传统的民间娱乐方式，农民在农闲之时排练，逢年过节演出。正月初九和十五作为传统意义的出会日，尤其是正月十五元宵节之时，人山人海，非常热闹。在浚县现在有 60 多家民间社火组织，到了过节或者重大喜庆活动期间，大家聚在一起表演献艺，场面热闹非凡，观者如云。但是随着一些老艺术家的相继离世，传统的社火节目面临着后继无人的状况，此时，继承和发扬显得尤为重要。浚县社火的传统形式主要有舞狮、高跷、秧歌、旱船、竹马、龙灯、抬歌和背阁、抬老四、顶灯、大头舞、散河灯（图 5-36）等。如果对其进行发掘、抢救和保护，特别是踩跷秧歌、群狮舞，将会进一步完善宫廷、民间舞蹈史，也将会补充对民间文化发展史以及民俗文化库。

图 5-36　浚县古城社火文化

2008 年 6 月 17 日，国务院公布了第二批国家级非物质文化遗产名录和第一批国家级非物质文化遗产扩展项目名录，浚县的民间社火项目名列其中，这是浚县继"泥咕咕"项目后第二个入选国家级非物质文化遗产保护名录的项目。

第三节　浚县古城历史城区整体空间格局存在的问题

一、老城区的平面轮廓消失

浚县古城的城墙和护城河作为历史城区平面形态中最直观的构成元素，随着城市的发展，已经逐渐的消失殆尽，除了城墙和护城河，构成古城空间格局的其他元素，例如文治阁等具有代表性的文物古迹和传统街巷也在慢慢的发生着变化，老城区的空间格局有所弱化。

二、街道格局改变

（一）传统老街失去特色

浚县古城历史城区内具有代表意义的南西大街和南北大街较好的保留了下来，但是街道两侧的建筑都已随着城市发展建成了现代的建筑，古时繁华的商业氛围已不在。在传统民居内，依然保留着朴实的老街巷，道路宽度没有拓宽，铺地依然是砖石，年代久远，但是民居大都空着，长时间无人修缮，导致民居衰败破损严重，居民的生活品质下降了，居住的人气也降落，传统的老街渐渐的失去特色（图 5-37）。

图 5-37　浚县古城内的传统老街

（二）道路拓宽，城市肌理改变

随着城市的发展，交通方式也在发生着变化，古时候的马车时代过去，代替它的是小汽车时代，古城内部的道路也要随着交通方式的改变而拓宽。古城传统街巷空间格局丧失，老城区内部道路拓宽拉直，街区的肌理发生了根本性的改变。

三、建筑格局日趋消失

1994 年，浚县古城被国务院批准为国家级历史文化名城，其内部文物古迹丰富，数量极多，且都具有较高的研究价值。政府对文物的保护和修缮工作投入了较大的精力和时间，但是在文物保护过程中也还是存在着一定的问题。

（1）在浚县古城的发展过程中，文物保护和城市建设两者之间出现了严重的本末倒置，就是我们所说的两碗水的平衡问题。在文物保护中，只重视那些被列为重点保护对象的文保单位，对于级别较低的或者是没有被列为文保单位的建筑不进行保护，甚至是拆除，例如传统民居翰林院，受破坏严重，然而李家大院，作为县级文物保护单位，却得到了很好的保护，虽然是在进行保护，但是伴随着个别文物点的保护，我们丧失的是越来越多的宝贵的历史建筑，丧失的是城市原有的味道。

（2）保护还是妥善的保护（图 5-38）。在政府的文物保护工作中，有一些文物古迹受到了保护，但是仅仅是受到保护而较好的保存了下来，并没有得到妥善的修缮和整治，这其中一大原因就是由于资金的困扰，导致一些需要受到保护接受修复的文物并没有得到应有的资金投入。比如说天宁寺，该寺庙年代久远，又加上后期自然环境和人为因素的破坏，寺内建筑或多或少的受到破坏，寺院的地藏殿、天王殿等主要部分也都出现了不同程度的损坏，砖坯脱落，椽子腐朽，屋顶的琉璃瓦烂掉甚至出现滑落，屋顶更是出现漏水情况，现状令人担忧。

图 5-38　需要修缮和正在修缮的文物

（3）城市建设活动的破坏。在文物保护过程中，文保单位都划定出了明确的保护范围，但是在后期的维护过程中，由于监管力度和居民保护意识的缺失，城市建设活动对于城市文物保护范围造成了一定的破坏，城市化进程日益加快，新城建设、老城改造同时展开，一边是政府，政府当然都是希望加快城市建设，增加业绩，另一边是老百姓，老百姓希望拥有更好的居住环境和居住条件。在这两方主力因素的驱使下，历史文物为城市建设让步，对于历史文物的保护力度明显削弱，城市形象虽然得到了改善，生活质量得到了提高，但是古城区的文物古迹都发生了毁灭性的的破坏。

近年来，县城的发展速度越来越快，在改善城市形象和提高居民生活质量的过程中，只修缮那些被列为文物保护单位的古建筑，而这些建筑以外的地方大多被开发或者改造，原有的道路被拓宽，越来越多的现代建筑交错在旧建筑群中，老城区独特的空间格局受到破坏。

（4）文物古迹与周边环境相割裂（图 5-39）。由于历史环境基本上都已被破坏，文治阁孤单地矗立在东西、南北大街的交叉口，县衙分别被粮油公司和公安局占用，现在我们所看到的浚县古城同周围的建筑风格并不协调。鉴于文物古迹之间失去了相互联系的纽带，各自孤立，这不能反映老城区的空间格局特征。

图 5-39　文治阁与周围环境相割裂

阮仪三院士曾提到，独立的文物古迹和历史地段并不能充分反映老城区的风貌特色，只有文物古迹和历史地段与其周边的相关环境相融合，与城市的发展相协调，使之成为老城区整体风貌的一个有机组成部分，才能从整体上展现老城的历史信息。

四、外部自然山水同老城相割裂

（一）自然环境同老城区相割裂

大伾山、浮丘山和卫河构成了浚县古城历史城区"两山一水夹一城"的空间格局，独特的自然风貌是浚县老城区空间格局的重要组成部分。由于其不可移动性，历朝历代在山上修建庙宇和寺院，留下了大量的有价值的文物建筑。

然而，大伾山、浮丘山、卫河同城区之间的联系被割裂，大坏山与浮丘山之间东西向的伾浮路道路宽度过宽，两侧的道路街景同传统的建筑不相协调；大伾山与古城之间的南北向道路黄河路也很宽，将大伾山与古城割裂；卫河周边环境没有整治，缺乏绿化，沿河主要以硬质铺地为主。

（二）自然环境的破坏

浚县古城每年正月举行的传统古庙会能够吸引大量的人来上香，随之地方政府在周边建设大量的旅游服务设施，比如旅馆、饭店等，缺乏统一规划和管理，这对古城的自然环境造成了很大程度的破坏。

（三）旅游吸引点的相割裂

大伾山和浮丘山作为古城重要的历史元素，历朝历代在此修建庙宇和建筑，保留下来了众多的有文物价值的建筑，并利用古庙会的宣传，使得两者均称成为国家 AAAA 级景区。浚县文物部门对文物古迹的保护更多的是对于两个景点的保护，忽略了古城内部文物点的保护和宣传，古城内部丰厚的历史文化同大伾山和浮丘山的佛教、道教文化相割裂。

第四节 浚县古城历史城区内建筑保护的原则和层次

一、浚县历史城区保护规划概述

（一）规划范围

《浚县历史文化名城保护规划（2012—2030）》是浚县人民政府于2012年制定的总体规划阶段的专项规划，统筹安排各项名城保护与建设项目。其规划范围包括县域和古城区两个层面，其中以古城区为重点。[①]

县域：建立符合浚县特点的完整名城保护体系，为名城保护工作的进一步开展和完善打下基础。包括浚县行政范围的全域，面积约1030平方公里。

古城区：浚县古城的保护，主要是保护好浚县古城格局和风貌、黎阳古城遗址、黎阳仓遗址、文物古迹、历史建筑和环境协调要素，促进城市经济、社会、文化的协调发展。古城区层面的规划范围为北到黎阳路，西到卫河，南到南环路，东到省道S215，古城区范围内面积约为6.74平方公里。

（二）历史文化特色

1. 隋唐大运河岸上的历史文化璀璨之城

浚县行政区内的运河是中国隋唐大运河的重要组成部分，浚县历史遗迹丰富，大伾山、浮丘山两山上更是保存着丰富和状况良好的文物古迹，这些为浚县积累了厚重的历史底蕴。

2. 依山傍水的仁智之城

浚县古城依山傍水，"两座青山一溪水，十里城池半入山"的整体格局是浚县古城的真实写照。《论语》雍也篇中，孔子说："智者乐水，仁者乐山；智者动，仁者静；智者乐，仁者寿。"浚县是依山傍水的仁智之城，是古代人民在城市建设上智慧的重要见证。

3. 与黄河存亡相依的坚韧之城

有史料记载的浚县古城位置，确切的变迁次数有四次。原因多与黄河

---

① 张强.关帝庙建筑的布局及其空间形态分析[D].太原理工大学，2006：31-34.

改道或洪水有关。黄河不单养育了华夏民族，也有很多居民点迫于黄河水情，被迫迁移或者被洪水破坏。浚县古城的变迁是黄河流域的华夏儿女对于生存和生活不屈不挠的赞歌。"引黄入浚"工程是将黄河作为水源，用于农田灌溉，改善浚县的水利条件，是浚县城市发展和黄河密切关系的新年代标志。

4. 古农智慧的体现之城

粮仓在古代的建设堪称复杂而庞大的工程，对于环境条件的要求比较严苛，首先是气候要干燥，要有适当的坡度，靠近水运要道，以方便后期集中运输和大规模储藏。黎阳仓的年代横跨了隋、唐、宋三个朝代，在长达四百多年中连续不断作为国家粮仓，在中国粮仓史上实属罕见。这体现了古代浚县人民在农业生产上的智慧。而这些遗迹则标志着浚县古代农业从业者的辉煌历史和不朽的智慧。

5. 儒商鼻祖故里

所谓"儒商"，是我们今天对以儒家的基本理念为指导从事商业活动而获得成功的人的称呼。儒家的基本理念，可以归结为"仁"、"义"、"忠"、"恕"四方面。端木子贡出身士大夫家庭，十七岁从学孔子，善辞令，经营商业成就斐然，为中华儒商第一人，又是卓越的社会活动家和杰出的外交家，是孔子思想的捍卫者和传播者。

子贡坚持诚信、公心和社会责任的立场，客观上有利于凝聚人心、协调关系、树立良好形象，有利于实现商业活动的可持续发展，维持自身的长远利益。正是看到了这一点，子贡所代表的儒商精神受到了海内外有识之士的高度重视。不仅我国高层开始重视儒商文化研究，而且各地也开始兴起研究热潮。说明子贡对儒商文化思想产生的深远影响，而浚县作为儒商鼻祖故里，在儒商文化传承上具有重要的历史责任和使命。

6. 中国民间艺术传承载体

浚县的非物质文化遗产包括了音乐戏剧、传统技艺、医药、美术和舞蹈等多种形式。核心文化元素包括民间社火、泥咕咕、大平调、正月古庙会、浚县大佛、伾山古乐、儒商始祖子贡等。这些丰富的非物质文化遗产，拥有相当高的文化价值，而浚县的有形历史文化遗迹和居民生活，是这些非物质文化遗产的主要承载主题。

（三）历史文化价值

浚县的文化价值是中华民族的历史和特色在中原地区的集中反映，作为国家级历史文化名城，是河南省唯一的一座以县级行政单位为保护单元的国家级历史文化名城，在类型上属于一般遗迹类型的国家级历史文化名城。

浚县是集文物古迹、自然环境、城市格局、古城风貌的特点及名城物质和精神方面的特色于一身的综合型历史文化名城，它的历史文化特色除了独立的文物遗迹、古建筑遗存以外，更突出的是它保存相对完整的浚县古城的轮廓和其内部道路的格局、城墙以及黎阳仓的粮食存储文化。

二、浚县历史文化名城保护内容

（一）保护原则

（1）保护历史环境真实性的原则。文物古迹和历史环境都是不可再生的，所以需要认真保护。新建的仿古建筑和街市从表面上看有种以假乱真的错觉，但是它不含任何的历史信息，冲淡了历史文化名城的历史感。

（2）合理利用和永续利用的原则。对于历史遗产的保护不能过于急促，不能一味地追求经济效益，现在的利用和改造应该保证以后的再使用。在保护浚县历史文化遗产的同时，应该在深入研究其文化内涵的基础上，进一步挖掘相关的文化产业，从而实现的保护的可持续发展。

（3）整体性原则。将浚县县城的历史文化遗产与其周边的生产生活环境和自然环境作为一个统一的整体加以保护；完整的体现浚县古城的传统城池格局与周边自然环境风貌；整体延续名城历史文化传统的发展脉络和保持名城景观风貌的自然环境背景。

（二）保护框架

浚县历史文化名城保护规划[①]框架的构成要素由人工环境、自然环境和人文环境三部分组成。需要针对各自的特点进行相应的保护。浚县保护框架可以归纳为："两座青山一溪水，十里城池半入山、历史街区五连片，遗产古迹多若干"。

（三）保护内容

浚县名城保护内容体系由物质文化遗产与非物质文化遗产两大部分构成（图5-40）。

---

① 《浚县历史文化名城保护规划（2012-2030）》.

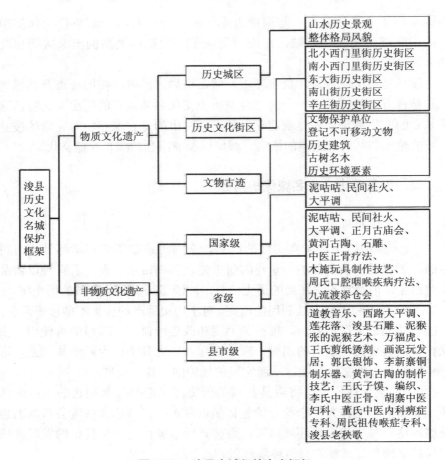

图 5-40 浚县古城保护内容框架

（1）物质文化遗产，包括历史城区、历史文化街区、文物古迹等。

（2）非物质文化遗产，包括传统艺术、传统工艺、传统民俗等。

（四）保护级别

本规划将浚县城市遗产分为法定保护和规划控制两个保护等级。

（1）法定保护，是指由国家、省、市、县级政府颁布的物质文化遗产、非物质文化遗产与自然遗产，依照各自的相关法律、法规、规章进行保护。包括各级文物保护单位、登记不可移动文物、历史建筑、古树名木、历史文化街区、风景名胜区、各级非物质文化遗产保护代表性项目。

（2）规划控制，是指除法定保护之外，本规划认为对于浚县名城保护有重要意义的各类城市遗产，如规划确定保护的历史城区、风貌协调区等，这些保护对象通过《浚县国家历史文化名城保护规划》加以规划控制，逐步纳入法定保护范畴。

三、历史城区内建筑保护原则

（一）"原真性"和"时代性"相结合

"原真性"是英文"Authenticity"的译名。它的英文本义是表示真的、而非假的，原本的、而非复制的，忠实的、而非虚伪的，神圣的、而非亵渎的含义。在现实中，任何历史建筑都不能保持它建成之初的原状，历史城区内各类文物、控保和一般历史建筑也同样如此。我们对它们的保护，绝对不是静态的一味恢复原状的保存，而是要在满足时代发展要求的同时，保持住原有的特色，对它们的发展进行控制。

从保护更新的手法设计来说，一方面要遵循"原真性"的原则，以期能"全面地保存、延续文物的真实历史信息和价值"。另一方面，也应当不回避加入新的、现代化的空间、材料，使原有建筑物呈现出新与旧的对话。

（二）"整体性"和"个体保护"相结合

"整体性"主要体现在保护历史城区内整体格局和风貌，保护区域内所有建筑依存及其所属的环境，保护全面的物质文化遗存和非物质文化遗存。历史城区的最大特点就在于它的文物古迹众多，风貌具有统一、系统、有序的整体性特征。

不管是城区内的历史建筑还是一般性建筑，都是组成城区的重要元素，只有对单体建筑进行更好的保护和利用，才能促进整个城区街貌的改善。在更新方法上，必须在保持浚县历史城区建筑的体量、造型、色彩、尺度等方面的优势特点，体现城区的传统风貌。

另一方面，单体建筑孤立的更新也是不可取的，必须同时注重对建筑周边环境及非物质文化遗产的整治改造。对于街区整体来说，精彩的不仅是一座座建筑，而是凭借它们非常巧妙的配置而形成的整个空间氛围。

（三）分级保护原则

针对各类单体建筑，根据《河南省浚县古城保护与旅游发展总体规划（2012—2025）》提出了单体建筑的分级保护。

国家级重点文物保护单位：是指具有重点保护范围和建设控制地带的保护对象。浚县历史城区内共有2处，即摩崖大佛及石刻、千佛寺（图5-41）。

名称	保护范围	建设控制地带
摩崖大佛及石刻	以大佛为中心，向东扩伸300米至七十二股下，向西扩伸700米至大伾山山门，向北扩伸800米至大伾山界碑边沿，向南900米至怀嵩路北沿	自保护范围边线东扩700米至寺下头东公路，西扩400米至黄河路，向北扩100米至食品厂，南扩100米至耕地
千佛寺	以千佛洞为中心，向西扩200米，向东扩200米至烈士陵园东墙，向北扩600米至姑山，向南扩400米至化工厂	自保护范围边线向四周外扩100米

图5-41　国家级重点文物保护单位保护范围和建设控制地带

省级重点文物保护单位：具有保护范围、建设控制地带的保护对象。分布在浚县历史城区内的建筑包括碧霞宫、古城墙等5处（图5-42）。

序号	名称	保护范围	建设控制地带
1	恩荣坊	自恩荣坊石柱起，向东、西各扩14米向南、北各扩30米	自重点保护区边线向四周扩10米
2	碧霞宫	自碧霞宫大殿外墙起向东120米，向西100米，向南300米，向北190米	自重点保护区边线向四周外扩50米
3	古城墙	以城墙外沿为基点，向东扩伸50米，向西扩90米，向北扩伸50米，向南扩伸50米	自保护范围边线向东扩100米至文庙，向西扩100米至桥西村，向北扩50米至北环路，向南扩50米至西大街
	文庙	由文庙四周围墙边沿分别扩伸50米	自保护范围分别向四周外扩10米
	文治阁	由阁外沿向四周分别扩伸30米	自保护范围边线分别向四周外扩50米
	云溪桥	由云溪桥外沿分别向四周外扩50米	自保护范围边线分别向四周外扩50米
4	常仙甫烈士故居	以故居四周围墙为基点，分别向东扩伸60米，向西75米，向北30米，向南60米	自保护范围边线分别向四周外扩50米
5	大伾山古建筑群	参照国家级历史文物保护条例以及河南省保护标准	

图5-42　省级重点文物保护单位保护范围和建设控制地带

县级重点文物保护单位：只具有保护范围的保护对象，即保护单位本身范围。浚县历史城区内包括阳明书院、黎阳仓遗址、太平兴国寺等21处（图5-43）。

序号	保护单位名称	保护范围	建设控制地带
1	黎阳仓遗址	以遗址四周的边缘分别向外扩30米	由重点保护区的边缘分别向外扩20米
2	太平兴国寺（包括寺内所有碑刻和附近石崖题记）	以大佛为基点，向西450米，东200米，北600米，南650米	由重点保护区的边缘分别向外扩50米
3	张仙洞（包括附近所有碑刻、气象碑和其他石刻题记）	以大佛为基点，向西450米，东200米，北600米，南650米	由重点保护区的边缘分别向外扩50米
4	阳明书院（包括院内及附近所有碑刻和石崖题记）	以大佛为基点，向西450米，东200米，北600米，南650米	由重点保护区的边缘分别向外扩50米
5	无字碑	以该碑为中心，分别向外扩0.5米	由重点保护区的边缘分别向外扩0.5米
6	人民解放战争死难烈士纪念碑	以碑亭为中心分别向外扩2.5米	由重点保护区的边缘分别向外扩2.5米
7	烈士陵园	以烈士陵园四周墙外沿为界，分别向外扩20米	由重点保护区分别向外扩20米
8	端木翰林府	自建筑外墙分别向外扩10米	由重点保护区边线向四周外扩5米
9	县衙遗址	东至文庙，南至南小西门里街路沿，西至城墙，北至城关镇粮油分公司南围墙北5米	自重点保护区边线分别向四周外扩10米

图5-43　县级重点文物保护单位保护范围和建设控制地带

对于尚未登录为文物建筑的控制保护建筑，则根据相关条例的规定进行保护。

（四）"可读性"方面的探讨

根据《威尼斯宪章》第12项规定："补足缺失的部分，必须保持整体的和谐一致，但在同时，又必须使补足的部分跟原来部分明显地区别，防止补足部分使原有的艺术和历史见证失去真实性。"建筑更新与修复的过程中，以协调环境为前提，通过对材料、质地、颜色等方面的区分，或者是以文字形式进行说明，其中应该注意的是，要尽可能地避免对历史建筑进行片面的翻新修复。凡是后期修复的地方，应该可以很明显地被辨别出来，或者是使用不同的材料和工艺加以区分。

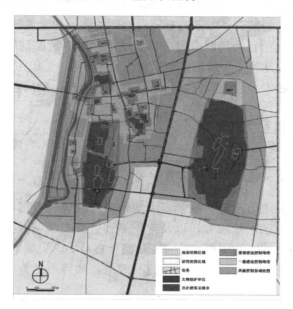

图 5-44　浚县古城整体文物保护单位分布与控制图

四、历史城区内建筑保护层次

层级特征：城市—街道—建筑，城市—历史城区—建筑，这是一个"宏观"到"中观"再到"微观"的关系，三者具有由上而下的层级特征。

（一）历史城区层面

各历史城区划定了保护范围和建设控制地带。保护范围是由重要的文物古迹、传统建筑物以及连接这些传统建筑物的主要街巷视线所及范围的建筑物、构筑物所组成的区域，建设控制地带是为了保护和协调文物古迹周边环境，确保历史城区风貌完好所必须控制的地区。在建设控制地带范围外，根据需要设置一定区域的环境协调区，古城内的历史城区的环境协调区为整个古城。

（二）单体建筑层面

浚县历史城区内建筑可分为文物建筑、控制保护建筑、历史建筑和一般建筑四类。目前在国内，文物保护部门通常在历史城区内划定了文物保护建筑的标准，并且针对这些建筑类型制定专门的法规进行保护。但是这些建筑毕竟只是少部分，大量的有历史价值的建筑却无人问津，违章搭建，私自破坏老建筑的行为仍时有发生，执法不严则是这些问题得不到解决的重要原因之一。此外，少量新建建筑也值得关注，一味地仿古并不是出路，如何运用现代技术手段做到创新，则是值得广为探讨的问题。

五、建筑保护更新策略

（一）"面—线—点"的调查方法

通过对浚县地方史志文献等多方面资料的收集、查询，加之对一些类似历史名城实例的对比研究，以及对一系列优秀实践调查报告的分析，制定出了针对历史城区的调查方法。在对浚县古城墙历史城区的实地调研中，结合具体情况对调研方法进行了细化和改进，最终概括为"面—线—点"的调研方法。

1. 面的展开

"面—线—点"的调研方法由面展开，首先是对古城墙历史城区的整体性把握。浚县古城墙是老城区的核心部分，整体格局具有典型的地域特点：古城四周有保存较完好的城墙，城内有十字交叉的东、西、南、北4条大街为主要道路，形成纵横的轴线，相交的中心点是钟鼓楼文治阁，规整的街巷纵横交错，虽然经过了朝代的变更，但基本保留了原有的脉络格局。例如，古城南、北大街原就是商业发达之地，现在北大街仍沿袭了商业功能，并有了进一步的发展；南大街商业功能则逐渐衰退，但民居保存较好。

通过对地方史志文献的收集整理以及对片区内民居现状进行通观走访和梳理，发现片区内民居众多，但保存现状不尽相同。此外还保留有文庙、云溪桥、玉带桥、电影院旧址等各个时期的建筑及特色民居，其整体格局和建筑风貌都相对较完整。

2. 线的深入

"面—线—点"的调研方法自线深入，对城区脉络格局有更深入了解。从地图上看，4条大街以及周边城墙遗址构成浚县老城独具特色的城区轮廊。在调研过程中，通过沿城墙和街巷的全面探访，以及将古城墙与城区道路共同组成的历史脉络综合分析，可以对城区脉络有一个更加深入的了解。

3. 点的解读

"面—线—点"的调研方法以点为终，有助于使调研内容详略有致，重点突出。经过面和线的调查后，在片区内选取了允淑城门、云溪桥以及一组保存较为完好的民居——李家大院为点，分别进行了测绘和深入了解。面将点和线统一起来，反过来由点构成线，线形成面，从整体到局部，再由局部通观整体。因此在以古城墙历史城区为面，以道路、古城墙为线进行分析调查之后，以城区内点的解读为重点，进行更为详尽的了解和分析。

（二）"点—线—面"的分层保护更新策略

通过由面到线，由线及点的深入调研，对浚县古城墙历史城区的现状特色及价值有了准确的把握与感知。在此基础上，对浚县古城墙历史城区的保护更新进行了多方面的设想与探索，总结出一种切合古城乡历史城区现状及价值的"点—线—面"的保护更新方法。[①] 具体做法是：首先，对李家大院、文治阁、云溪桥等重点历史文物进行全面的治理修缮，重现其历史时期的形象，使其成为重要的景观节点；其次，利用城墙"襟山带河"的优势，沿护城河两岸设置景观带，形成沿河公园，以吸引市民和游客的到来，促使他们参与到对该片区的认识和保护利用当中；最后，这些景观节点和景观带自然组成了古城墙历史城区的主题构架，再通过对城区内部环境的整体治理，使历史城区充满活力。

浚县作为具有独特历史价值的文化名城，其民居形式及古城墙、云溪桥等各具特色，在古城中大放异彩。但在面对璀璨历史遗存的同时，也发现浚县的保护开发由于受到多方面因素影响并不尽人意。对于古城墙历史城区，不仅应对其中单体建筑进行保护，而且应该将整个片区的历史脉络与古城悠久的历史文化相结合，以古城内的传统民居为"点"；古城墙、云溪桥与护城河为"线"；以及它们共同组成的"面"来全局考量，坚持片区保护与利用的整体性及原真性的原则，做到既保留其原汁原味的文化底蕴，又能满足城市发展需要的双重要求[②]。

①　吴国强，等. 历史街区调查方法初探［J］. 东南大学学报（哲学社会科学版），2006(S1)：171—173，299.
②　刘昱. 皖北传统建筑风格与构造特征初探———以亳州北关历史街区为例［J］. 合肥工业大学学报（社会科学版），2011，(5)：154—157.

第五节　浚县古城历史城区整体空间格局的保护更新

一、强化平面形态

影响浚县旧城的空间布局因素有很多，包括政治经济、社会构成、历史文化等。从旧城的发展来看，古城门及其周边的城墙是老城发展的核心区域，也是这个城市发展的根基，它体现出整个城市的传统文化和历史价值，所以对该区域的保护是对城市文脉和历史传承的基础，对于提高城区的整体价值有着十分重要的意义。古城门和城墙作为旧城极其重要的组成部分，它自身的价值就不容小觑，从城市整体保护的方面看，加强城门和城墙组成的这条"线"的保护，对老城区的"面"的保护十分重要。强化老城的平面布置可以从整体上对保护起到提纲挈领的作用，以此影响老城区的各个方面的保护更新。在老城的空间格局中，古城墙对城市边界起着极其重要的作用，所以，古城墙的保护可谓是老城保护的重中之重。位于浚县老城区西部，现存的古城墙受损比较严重，并且在其周围建有不少的违章建筑，需对其进行整治才能让古城墙的形态展现给人们。对浚县老城中城墙的保护，可以采用以下几种方法。

（一）古老边界的重生——古城墙遗址公园

从老城的现状看，浚县古城墙片区整体缺乏适当的保护，一是因为当地人们对古城的保护认识不强，二是因为浚县的整体规划使用新旧两城的空间格局，这种政策导致新城发展迅速，而旧城遭到遗弃，一些基础设施不能满足人们使用，居住环境不理想，并且多数非物质文化没有得到传承。此外，原本可以为人们提供公共休闲场所的古城墙片区，由于目前保护不到位，墙体杂草丛生，破败不堪，护城河也面临枯竭，城墙附近绿化很少，尘土飞扬，这些缺陷都有损古城墙片区的对外形象，同时也使当地人们的生活品质下降。

因此，为了改善上述状况，我们可以充分使用古城墙片区依山傍河的特点，在护城河周边设计景观绿化带，同时以古城墙遗址和护城河为依托，建设古城墙片区遗址公园（图5-45）。这样一来，不仅可以给当地人们创造可供活动的公共使用空间，也能在设计中把当地的传统文化置入其中，使其成为保护更新的线性组成。遗址公园的形成，在保护历史的同时，也可以使古城内多份绿色空间，由此提升老城的生活质量。

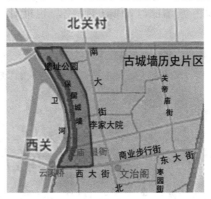

图 5-45　古城墙遗址公园

浚县古城的护城河主要依托于西边的卫河，将卫河的水引向东、北、南三边，从而形成完整的护城河，不过卫河的现状令人堪忧，仅存于在西侧的卫河水质被污染，另外的河道已被填平，不复存在。所以，古城墙遗址公园的修建可以使河道修通，改善护城河周围的环境，用景观带设计完善护城河周边景观体系设计。在景观带的设计过程中，需要对各个片区的特色进行调研，强化护城河景观节点，例如云溪桥、允淑门等，具体结合当地特色对护城河周边景观重新组合，以此形成不一样的视觉感受，从而带给人们一条完整的、富有变化的护城河景观带。以护城河周边景观的重新设计作为对护城河保护的一种方法，既可以使老城"山水格局"的布局得到传承，也可以整体提升老城的环境风貌。

通过景观改造，遗址公园的构建，可使该片区真正发挥历史文物的教育价值和实际价值，让人们可以触摸和感受到它的文化气息，而不是对其一味的保护，束之高阁。这样，人和历史片区就可以形成一个良好的共生关系：人的参与能够使历史片区保持活力，历史片区又能丰富所在城市的景观、提高人们的生活质量。

（二）城墙遗址绿化带

我国历史悠久，古代城墙遗迹众多，但因为保护力度不够，并不是所有城墙都可以看到，部分城墙已被损坏或不复存在。浚县老城区的保留下来的城墙部分虽然不多，但是较为完整。结合现状，可直接把位于古城西侧的城墙现状向人们展示，把城墙作为整个古城墙景观带的背景，在其四周围绕的群山和护城河作为点缀（图5-46），以此提高浚县古城的居住质量。古城墙景观带的设计可以融合城墙与周边环境，并且可以把浚县老城的保护范围扩大到西侧的护城河，使古城墙和周边环境相互协调。这种设计不但可以让人们体会到古城墙原汁原味的特色，也能让参观者更加直观的感受到城墙的历史感。

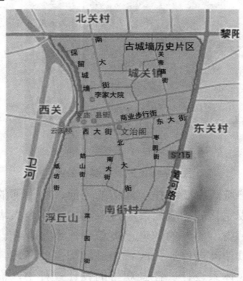

图 5-46　古城墙遗址绿化带

西面的城墙横跨浮丘山，将浮丘山一分为二，浮丘山作为国家 AAAA级旅游景区，城墙的保护可以考虑同旅游景区相结合。浮丘山景区每年有众多的游客来此烧香拜佛，旅游观光，对古城墙进行旅游景点式的保护开发，不但可以使景区的文化内涵得到提升，同时这也把古城墙的自然风貌和人文景观结合在一起，是对古城墙的另一种保护更新。[①]

（三）护城河景观通廊

在古城空间格局的平面形态上，护城河和城墙都是十分重要的元素，在我国县级老城的保护现状来看，护城河的保留完整度比古城墙更高，而护城河的河道走向也在影响着古城的平面形态，同时护城河在老城的自然景观中担负着十分重要的作用，所以对护城河的更新保护也应引起注意。

观察浚县老城的现状，护城河的东、南、北三面已被填平，河道空间被侵蚀甚至损坏，只留下了西部的围合一段，所以对护城河的保护更新不仅可以在平面上复原老成的肌理，与此同时，护城河景观带也将使周边的环境得到优化。

---

① 何婷.城墙遗址保护中的展示研究[D].西安建筑科技大学，2009：48.

1.复原护城河原有平面肌理

浚县老城的东、南、北三面的护城河现状已被填平，在老城的保护更新变化中，应逐步恢复护城河的河道。通过查阅历史文献，现场调查，准确得到原有河道的走向，为保持护城河形态的原真性，对河道进行清理疏通，并对侵占原有河道的建筑进行改迁，使护城河得到恢复。

2.放大护城河周边景观节点

位于护城河周边的桥梁、商市、城楼等公共场所，都可以成为护城河景观带的节点，对于节点的处理，应通过使用不同的设计方法将其影响范围扩大。比如在对护城河的保护更新处理时，可以在传统滨水空间格局的基础上，强化其周边的空间节点，优化环境，使滨水特色得到展现。

（四）控制城墙周边的建筑

古时候的城市，人站在城墙外面事看不到城市内部的建筑，随着城市的发展，建筑高度越建越高，现代建筑高大的外形和传统古城墙之间形成强烈的对比。纵观新城的发展，部分建筑建造在古城墙的根基上，更有甚者直接在古城墙上建造建筑，不仅破坏了城墙的边界性，还降低了古城墙的观赏度，随着古城墙内外边界的消磨，老城的建筑风貌也渐渐失去特点。所以，对古城墙周边的新建建筑进行控制，对于老城建筑风貌的传承具有十分重要的意义。[①]

想要使古城墙周围的新建建筑得到控制，可以从建筑风貌、高度和色彩等几个方面着手。建筑风格应该延续和遵循原有的城市建筑风格，在建筑高度的控制上，周边的建筑要以城墙为制高点，后退城墙控制范围线一定距离，建筑高度不能高于城墙高度，建筑色彩也要与城墙的纹理和质地保持统一协调，以灰色和蓝灰色等冷色调为主色。

通过以上构建古城墙遗址公园、古城墙景观带、护城河景观、控制城墙周边新建建筑等不同的保护方法，能够使老城的平面肌理得到传承。

二、保留传统道路肌理

浚县老城区的传统街区是构成古城的重要元素，它对老城空间风貌的保护更新有着十分重要的作用。

传统街区能反映某段历史时期某地区的文化特色，它的整体的景观环境具有完整而浓郁的传统风貌和城市肌理，含有大量的历史信息，包括有

---

① 赵倩.浚县老城区空间格局整体性保护研究[D].郑州大学，2010.

形的和无形的，它是传统街区空间构成的重要元素。浚县老街区体现出浚县古城的空间格局特征，保持浚县传统街区历史遗存和历史风貌的同时也维持和发展了它的使用功能，保持了老城区的活力，促进了老城区的繁荣，使该地区既满足居民生活条件的需求，也适应老城区整体发展的需要。因而老城区传统街区的保护对于老城区的整体保护具有重要的意义。

老城区传统街区的保护具有两方面的含义：保护和更新。浚县传统街区是城市历史文化的见证者，也是空间格局的重要组成部分，是人们生活的物质载体。传统街区是浚县老城区历史信息的真实记忆，集中体现了老城区的历史、文化和研究价值，所以，对古城空间肌理的保护是在传统老街的保护基础上实现的。不过，在对历史城区进行保护的同时，也要适当的采用一些新的更新手法，在满足居民现代化生活需求的同时，还能将历史文化、传统的生活方式融入到历史城区中。

街巷格局是整个历史城区空间形态中的重要组成元素，所以应该特别关注老城内部历史街巷的保护更新。传统街巷的肌理是组成老城整体形态的一部分，它就像是支撑老城区的骨骼一般。在老城区道路肌理的保护更新中，可以采用以下几种方法。

（一）调整道路结构

浚县历史城区内部人口密集，街巷狭窄，交通拥挤，已经不能再新增城市主干道，虽然现代社会对于汽车交通的依赖性越发增强，但街巷内部也要控制汽车交通。一方面要满足居民的现代化生活和交通，另一方面还要保留和延续整个城区的空间格局，整体上以疏导交通为原则。浚县老城区内部的道路一般都比较窄，建筑密度又相对比较大，采用新增主干道的做法显然不现实，只能采取局部拓宽次干道，增加支路的措施来进一步的疏导和缓解交通。在保证现存路网和街道肌理基本不改变的基础上，为确保传统街巷的空间特色得到传承，新修街道需在老城边缘进行修建或拓宽道路，尽可能的把交通向老城外部引，或在老城内进行单向交通的设定。

（二）加强老城轴线

城市空间格局中重要的也是最明显的组成部分要数轴线了，通过轴线的加强，能够把城市空间中的元素有机的组合在一起。如果说在老城的平面布局中，城墙是它的线性元素，那么在老城的建筑格局中，轴线即为它的重要支撑骨架。目前浚县老城区的东西大街和南北大街相交的十字形格局仍在（图5-47），整个老城区空间格局均受到该中轴线的影响，但周边建筑大多经过更新，城市中轴线在经过千百年的洗礼之后，对于现代城市建设和古时城市建设都起到了重要的作用。因此，将东西、南北大街构成的中轴线保留并强化，也是对老城区空间格局的保护。

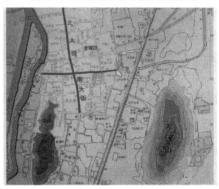

图 5-47　强化中轴线

（三）延续老城道路肌理

老城空间格局的整体表现除了具有明显形态的城墙、中心大街、标志性建筑，就是老城内部为数众多的传统街区了，传统街区的肌理是传统街区内的建筑和道路等空间格局特征在二维平面上的表现。老城的道路肌理可以在一定程度上反映出城市空间格局的特征及其形成发展规律，是城市空间格局的重要体现。浚县老城内目前保留有多条传统街道，街道内部是民居，但是多数民居进行过更新。街道仍保留原来的尺度，它们在体现城市整体空间格局中有突出作用，因此，浚县老城区空间格局的整体性保护应该把传统街区街道肌理的保护延续（图 5-48）作为老城区空间格局整体性保护的重要内容之一。

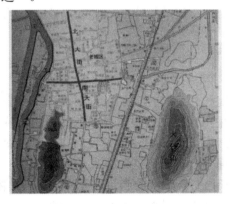

图 5-48　延续老城道路肌理

延续老城街区肌理的主要方法是就是对历史城区进行完整保护。但是目前浚县许多传统街区内的建筑老化或者因其不适应现代生活的需求进行了更新，因此主要是对道路格局的保护。一是对道路的走向尽量保持不变，不应裁弯取直；二是保留道路的尺度，不能采取拓宽的方法来满足当代交通的需求，机动交通应疏散到老城以外，例如，老城区东部的南北向主干道黄河路就可以作为交通性干道来疏解老城区交通的压力，而老城区内部的传统街道提供老城区日常生活和工作的场所，老城区的空间格局得以保护。

（四）构建老城区步行系统

浚县的步行系统分为两种类型。一类是作为展示和销售浚县传统的手工艺品的商业步行街，另一类是传统街区内部的为居民提供生活出行的步行道路。

（1）目前浚县老城区传统的轴线东西、南北商业街得到了保留。但是只有东西大街是以商业功能为主，以销售知名的民间传统工艺品和特色农业产品为主。充分利用东西大街地处中轴的位置特色和其周边的商业气氛，使东西大街成为商业步行街的中心地段。该街两侧的建筑风貌应和浚县古城的传统建筑风格相似，地面材料使用条石或青砖，把东西大街打造成繁华的商业街。

（2）浚县老城传统街巷内部的步行道路主要是围绕着文物古迹和传统民居展开设置，在一些民宅院落保存比较完整的街巷内部应该构建步行道路，在原来街道的基础上，整修和完善道路基础设施，比如菜园街、南山街、辛庄街等传统街道。对于这些街巷的修建应延续老城的的道路肌理，其周边的建筑应符合传统建筑的特点，使之和老城相互融合。

（五）重塑传统街道界面

对于浚县老城区内整体街道界面较为凌乱的现状，重塑其界面也要具体情况具体对待。对传统街巷路面的整理要保留其原真性，对于破坏或者已经更新的路面要采用原来的材料，以保证与老城街巷的风貌统一。街巷两边的建筑立面承载着古城传统建筑风貌，其连续立面形式也成为街巷的重要保护部分。界面整合以沿街建筑立面为主要对象，主要目的是使建筑立面的形态、形式和色彩与传统的建筑立面相协调。具体更新方式有两种，第一，以街道两侧立面的连续性为目标，在材料、色彩等方面与街景立面保持协调的情况下对部分缺失的但对立面的连续有重要意义的建筑进行重建。第二，通过对街道界面产生破坏的建筑的更新，使其建筑形式在材料、色彩等方面与街景立面协调，清理、清洗或拆除对街巷立面有影响的物件。[①]

三、浚县古城历史城区内怀禹路历史街区保护与更新设计

（一）项目概况

怀禹路历史街区，位于浚县县城怀禹路。东起伾山宾馆，西至浮丘山。平行于怀浮路，与县城主要道路黄河路相交（图 5-49）。整条怀禹路街道长约一公里，道路宽 12 米，总面积约 1.2 万平方米。道路两侧主要为临街商住、商业店面。《尚书·禹贡》载：禹疏河，"东过洛汭，至于大伾。"后世为了纪念大禹治水的事迹，将此路命名为怀禹路。怀禹路历史悠久，旅游资源丰富，东西两端连接最秀丽的两座青石山峰大伾山和浮丘山。更新改造后的怀禹路将形成联系浮丘山和大伾山的重要城市街道。自古以来，怀禹路历史街区就承载着浓厚的浚县民间文化。最具特色的浚县古庙会数量多，而且规模大。每年一度的浮丘山正月大会被誉为华北第一庙会，会期半月有余，高峰日赶会人数达二十余万。此次规划更新意在使历史街区的市政设施、景观环境及商业生活氛围得到进一步改善。[②]

图 5-49　区位分析图

① 张晓荣.西安周边地区小城镇的历史保护规划研究[D].西安建筑科技大学，2007：83-84.
② 高长征，等.浚县古城墙片区特色调查及更新策略研究[J].华北水利水电学院学报，2013，10，（34）.

（二）怀禹路历史街区总体规划

本次规划在保持巷道空间格局基本不变的前提下，力求适当恢复街区局部的历史风貌，并适当新建一些公共活动广场与公用设施，做到景观的"旧与新"、"小与大"、"历史与现代"协调相融，人行空间、街道、广场和绿化系统组织，商业功能、自然环境、历史环境在内容和形式上相互结合，提供会友畅谈、体验民风、陶冶性情的场所。具体的规划内容包括街道平面、沿街建筑立面更新整治、公共空间环境整治。在规划设计过程中，我们还听取当地居民的一些建议，创建了尺度适宜且贴合当地公众生活需求的公共空间和步行系统。整个规划重点塑造怀禹路西段尽头的浮丘山入口文化广场，创造与浚县地方历史文化特色相切合的标识性节点，集商业服务和文化娱乐于一体（图5-50）。更新后的历史街区空间形态可概括为：三大区域、四个节点。

图5-50　总规划平面图

1. 三大区域

广场景观区：在怀禹路西尽头设计浮丘山入口文化广场，突出街道的文化景观氛围。把浮丘山文化广场打造为浮丘山庙会文化与市民市井生活文化交汇的景观点，通过列柱、香炉、八卦图腾等设计元素突出浮丘山风景区道教文化特色（图5-51）。

图5-51　浮丘山入口文化广场

更新规划区：怀禹路西尽头至南关外街之间多为临时行住房，整个街道界面较为混乱，此地段以更新为主；怀禹路与黄河路交叉口东北侧，由于缺乏与黄河路空间的联系，多为临时性建筑，故拆除临时建筑，新建建筑考虑整体风格协调，再通过转角楼延续界面至黄河路；怀禹路东段丕山宾馆前缺乏开敞空间且丕山街风格与丕山宾馆风格不协调，在丕山宾馆前做一开放性城市绿地增加公共活动空间同时还能起到协调不同风格的作用，再控制北段新建建筑层高，以突出丕山宾馆的标志性（图5-52）。

图5-52　丕山宾馆节点控制图

改造整治区：南关外街至黄河路之间，此地段以改造整治为主，分布有小学、医院，建筑较为规整。怀禹路与黄河路交叉口东南区建筑界面较为连续但建筑色彩杂乱，重新设计建筑色彩，大致统一街道基本色调即可。

2. 四个节点

四个节点分别是：浮丘山入口文化广场节点；南关外街与怀禹路西北角建筑转角节点；县医院临街楼街道天际线控制节点；丕山宾馆前城市绿地将被打造成历史文化回忆广场，为整个历史街区的主要景观节点。

第六节　浚县古城历史城区内建筑的保护更新

建筑是构成城市空间格局物质实体的主要要素，它们是老城区空间格局的主体，是城市空间格局中最重要的部分。因此老城区建筑的保护同样重要，如果只有骨架而没有血肉，就不能称之为完整的系统，对传统街区内建筑的保护是实现老城区空间格局保护的最基本的内容。在历史发展的过程中，传统建筑遭到了严重的破坏，传统街区内绝大多数的建筑面临着保护和修缮。对传统街区内的建筑保护方式主要有四种：保存文物保护单位，修缮具有保护价值的建筑，更新不协调建筑，控制新建建筑。

一、保存文物保护单位

被批准为各级文物保护单位的建筑要严格地保存下来，不得修改其使用功能。浚县老城内的省级文物保护单位有文治阁、文庙、云溪桥，县级文物保护单位有县衙遗址、李家大院。

（一）县衙遗址

县衙遗址被列为县级文物保护单位，前几年一直被公安局和粮油公司占用，现已归属文物部门主管。县衙除了一些破败的建筑遗存，没有留下任何实质性的建筑实体，损坏程度严重，而且其遗址内部环境杂乱不堪。然而县衙在居民的记忆中依然保留有很深的历史信息，也具有很大的历史挖掘空间。因此，应尽可能的阻止城市建设活动对县衙遗址的破坏，并拆除周边影响其视野的建筑，保证县衙遗址内部的视野范围，并在遗址上建设县衙遗址公园，有资金条件的可以试图复建县衙原貌，既保存了县衙遗址，同时也为浚县居民提供了休闲和观摩历史的好去处。

（二）文庙

曾经的中国，每个州、府、县都设有文庙，它是孔庙和官学的合二为一。它们建在当地官府的生旺方（东方、东南方）闹市中，没有其他庙宇整日缭绕的香火，祈祷膜拜的紫紫人声，却弥漫着一种高贵的文化气息。文庙是儒家文化最具代表性的物化象征，"庙学合一"的制度使得教育成绩十分突出，英国人亨利·查尔斯在19世纪中叶惊叹：就男性人口而言，世界上已知的国家内没有一个国家的教育普及程度有中国那样广泛。的确，文庙曾经是一个地方的文化地标，读书人云集的地方，自有一种特殊的气场，他们成为秀才后在此学习，从这儿出发参加更高一级的考试，考上举人便成为国家官员，仕途就此展开。

文庙在城市格局中占有很重要的位置，应对其加以利用，其中保护可以从两方面着手，其一是文庙的教育背景，另一个是其祭祀功能。充分利用其教育功能，传统上很多文庙都在后期作为中小学校的驻地。虽然浚县的文庙只剩下了大成殿，其余损坏严重甚至消失，通过按照其原有的形制进行修缮和恢复，后期可以作为中国传统文化的宣传基地，不定期的举办展览主要是以介绍儒家文化为主，让现实社会的公众尤其是青少年了解并学习儒家文化、丰富文化素养，起到文化教育的作用，成为学校以外的学习教育场所。传承其祭祀功能，浚县正月的庙会，能够吸引上万人来此游玩，其中一大部分人是来此上香拜佛。虽然祭祀活动多在大伾山浮丘山上进行，因为其悠久的佛教、道教文化，文庙作为儒学的象征和载体，其祭祀功能并没有得到充分的发挥。浚县文庙祭祀功能的恢复，并与庙会活动相结合，使价值得到更大的发挥，那么浚县将会成为儒学、佛教和道教文化朝拜的圣地。

（三）文治阁

文治阁位于整个浚县古城的中心位置，处于东西大街、南北大街十字形交叉口。虽然整体建筑保存良好，但是只有它孤零零地矗立在交叉口，周围几乎全是现代建筑，这些现代建筑的高度参差不一，且缺乏秩序，与周边的环境没有相应的联系。首先文治阁作为文物保护单位，其周围一定距离以内是建设控制地带，严禁一切建设活动，所以对文治阁建设控制地带的其他建筑予以拆除，严格控制文治阁周边的交通，强调文治阁在老城中的中心和标志作用，营造浓厚的历史和环境氛围。

（四）李家大院

李家大院是现存较为完整的清代民居，对研究浚县城区清代民居建筑结构和风格有较高价值，对国家历史文化名城典型民居的保护有重大意义。在保存其两进院落建筑格局的同时，检测房屋内部的残损程度，以原真性为修复原则，对屋顶坍塌等严重破坏的残损点进行修缮。

二、修缮具有保护价值的建筑

修缮的对象是保存有传统建筑的原有风貌，但是有一定损坏的建筑。浚县作为国家级历史文化名城，其内部有很大数量的文物古迹，但是只有一部分被列为重点保护单位或者文物保护单位，还有很大一部分的具有历史价值的文物建筑需要我们去保护。比如说浚县老城内部保留下来的传统民居，包括以李家大院为典型代表的民居，也包括多数的传统民居。对于传统民居的保护要有重点，一方面其数量较多，另一方面其受破坏程度较大，修复难度较大，如果一锅端的全部修复显然不是很现实，对李家大院等具有保护价值的传统民居，如西大街 17 号、19 号，东大街 99 号，菜园街 103 号，要遵循原真性的原则，对其进行保存和修缮，不能随意拆除和改建，对于街区内其他一般的民居要采用外观整治、内部改造的方法对其进行整治，以实现老城传统街区的整体格局的保护和改造。

三、更新不协调建筑

需要更新的建筑大师可以分为两类，一类是建筑质量较差、受到损毁的传统建筑。这些建筑一般情况下会被推倒重建但可能仍然保留其原始功能和用途，或者只是对建筑的高度、外立面、色彩等方面进行局部改造。这些建筑由于其特殊的历史环境，因此在建筑的更新过程中要严格控制其体量、色彩等方面，以保证整个街区建筑风格的协调，体现城市的传统空间格局，同时也满足了现代生活的需求。

另一类是在传统街区中局部出现的一些不和谐的建筑。早期的城市建设缺乏统一的城市规划和发展性，街区内穷人乱搭乱建的简易住处和富人随意扩建房屋等现象普遍存在，本身建筑界面就参差不齐，再加上这些不和谐的音符，与整个街区风貌格格不入，街区更是杂乱不堪，在很大程度上破坏了传统街区的整体风貌。对于传统街区的保护，要对这类建筑进行更改，比如直接拆除、降低层数、使用传统的装饰材料等，对建筑进行更新，以达到同传统街区空间格局和整体风貌相协调的目的①。

四、控制新建建筑

如今我们的社会在不断地发展，建筑也随之发生着变化，建筑作为居民日常生活的必需品，也在适应着现代社会的需求，对于历史城区内历史建筑的保护，不能再是简简单单的保护，对于老城区新建的建筑要严格控制，旧城需要一些新建建筑来增添其活力，但是也不能毫无节制，历史城区在保留其历史古韵的同时，也要处理好与新建建筑的关系。

（1）建筑风格。浚县古城的居住建筑以豫北四合院为基本的建筑形制，屋顶形式采用四坡屋顶，通过这些使得浚县的新建建筑与原有建筑保持着统一的建筑风格，使城市格局和城市肌理延续老城的特色。

（2）建筑体量。古代的民居和公建由于其木结构，体量都比较小，然而现代的建筑形式和结构都与古时候有很大的区别，现代建筑也不能严格按照古建筑的方式和样式去建造，一方面为了满足现代生活的需求，另一方面也要与古建筑有个呼应，以不造成传统空间场所感和肌理的消失为限度，控制好空间的尺度。

（3）建筑高度。在整个古城的保护过程中，政府会严格划定建筑的高度，新建的建筑要遵循建筑高度的划定。建筑高度的控制应该实行由大

① 张晓荣.西安周边地区小城镇的历史保护规划研究[D].西安建筑科技大学，2007：85-87.

到小的设计观：由城市—街区—街道—个体建筑进行整合，从宏观到微观进行梳理。目前老城区的建筑天际线主要由大伾山、城墙、文治阁、浮丘山这些点构成，在后期新建建筑时，保证不破坏老城格局的天际线。

浚县老城区建筑高度的控制要严格遵循"分区控制"的原则，根据周边建筑的价值、地位和保存的完整性，进行不同的高度控制。一是传统建筑保存比较完好的地区，如传统街区，新建建筑要维持现有的高度，在满足人们对传统空间认知的基础上，保持传统街道的宽度和建筑高度的尺寸不变。二是文物保护单位，例如文治阁，这些建筑是整个古城城市格局的中心，因此要严格限制周围建筑的高度，首先新建建筑要同文物建筑保持一定的距离，以保证文物建筑有个建设控制范围和较好的环境。其次文物建筑的高度作为制高点，新建建筑的高度低于它，以保证文物建筑的主导性地位，同时同绿化相结合，衬托该建筑的轮廓线。再次，对于老城已经完全更新的地段，其新建建筑应在不影响老城整体空间格局和景观风貌的前提下，略微放松其高度，起到丰富现代城市空间格局的作用。[1]

（4）建筑色彩。浚县老城区新建建筑的整体色彩直接关乎老城区空间格局的整体感。浚县老城的新建建筑色彩要尽量保持其传统色调，以显示空间格局的整体性。尤其是在文庙、文治阁等历史建筑周边的新建建筑，其色调必须与古建筑色调相统一（图5-53—图5-56）。

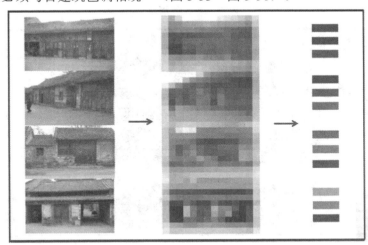

图 5-53　商业建筑

---

① 中国建设报．

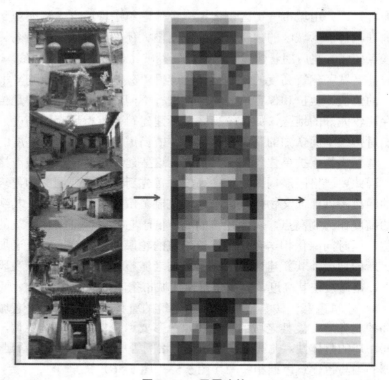

图 5-54　民居建筑

图 5-55　公共建筑

同国外很多城市色彩艳丽不同，浚县老城整体上是灰色，因此要严格控制新建建筑的颜色，以灰色系为主，饱和度适当变化，以素雅、凝重为主，在商业街适当放宽，可以局部有暖色系，形成活泼、艳丽的氛围，但是同整体的街景相协调。

建筑类型	控制要求	基调色	辅助色	点缀色
居住建筑 (以居住为主的建筑聚落)	居住建筑屋顶形式以坡屋顶为主,建筑的主体部分色彩以传素的暖色面为主,主体部分一般包括屋面、墙体。	白色　灰色　青色		
商业建筑 (以商业经营为主的建筑聚落)	商业建筑屋顶形式以坡屋顶为主,建筑主体部分色彩以原宿、典雅色调为主,主体部分包括屋面、墙体。商业空间允许丰富饱和富多彩的色彩。			
公共建筑 (文化教育建筑、宗教建筑、宫署建筑等公共活动的建筑场所)	公共建筑以坡传统刻有态为主,新建建筑以着中式建筑风格为主,色彩以明快、舒适的色调为主,整体色彩以原宿、朴素为主。			

图 5-56　建筑色彩控制要求

第七节　浚县古城历史城区内新旧建筑的结合

在参与浚县古城墙历史城区保护规划中,通过实地走访和调查分析,为激发片区内现存的活力因子,积极培养新的生长点,提出"活态"保护的策略构想。对浚县古城墙片区科学价值及活态更新策略的研究,主要是希望以浚县古城墙这样一个典型的历史城区作为研究载体,尝试运用构建游赏空间,延续城市肌理和传承民俗文化等具体方法,并提出活态保护策略,同时以可持续发展为原则,把静态的保护转变为对历史城区的动态保护,激活当地的活力要素,从而实现古城墙片区的可持续发展,并使这一地域的科学价值得以保存和提升。

一、构建游赏空间

为了保证古城墙片的"活态"更新策略的尝试行之有效,本节从构建遗址公园和重塑浮丘山游览区两方面着手,构建古城墙片区的游赏空间,从而达到"活态共生",提高附近居民的生活质量。

（一）遗址公园

由于浚县古城墙片区的当地居民对古城的保护缺乏认识,保护意识不强。再加上浚县的总体规划布局采用新旧双城格局,大力发展新城,摒弃旧城,忽视居民对非物质文化的需求,结果使得古城墙片区缺乏有效的治理,生活基础设施不全,居民生活环境不佳。另外古城河和护城河缺乏保护,城墙上杂草丛生,一片荒芜,城墙有许多地方受损残旧不堪,护城河也已干涸,绿化面积极小,尘土飞扬,同时缺少公共活动休憩空间,这些都不利于形成良好的古城墙片的片区形象,也降低了居民的生活质量。

    因此，为了改善上述状况，我们应当利用该段城墙"襟山带河"的优势，沿护城河设置景观带，并结合遗址城墙与护城河设置遗址公园（图5-57）。通过构建遗址公园，不仅可以保护遗址，而且也为古城增添了绿色空间，极大地改善了城市的景观生态环境。由于四面城墙仅剩下西边一段，为了强化与展示古城边界，应对城墙周围的违规建筑进行拆除，使城墙遗址显露出来，结合城墙绿化布置公共休闲娱乐设施，形成遗址城墙休闲长廊。

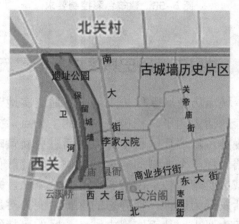

图5-57　浚县古城墙遗址公园

    浚县古城的护城河西部以卫河为主，东、北、南三面均是引卫河之水，形成完整的护城河，但是目前仅存的西边护城河水量减少而且多被污染，其他三面已被填平。通过疏通河道，整治周边环境，打造沿河绿地，将城墙遗址公园与护城河相联系，使绿化成带成片，构建护城河整体的景观特色。护城河景观视廊的重塑以及对护城河的修复，不仅能够延续浚县古城"山水古城"的空间格局，同时也将提升古城的整体景观环境。

    整治景观环境，构建遗址公园，可以让人进一步触摸和直观感受到城墙的文化气息，而并不是将其束之高阁，这样可以使古城的历史文物真正发挥其历史价值和教育意义。任何历史城区形成了一个良好的共生关系：历史城区因为人的参与而继续保持活力，同时又丰富了城市的景观，提升了人们的生活环境质量。

（二）重塑浮丘山游览区

    浮丘山位于浚县城南，故又称南山，其上有48座峰，山间云遮雾绕，远望若浮，近看似丘，故谓之浮丘山，系省级文物重点保护单位。山上有碧霞宫殿，又名圣母庙，俗称奶奶庙，位于浮丘山南端峰巅，坐北向南，前后三进院落，占地 11160 平方米，殿宇楼阁 87 间，是一处规模宏大、布局严谨的古代建筑群。"山不在高，有仙则名"，浮丘山因供奉泰山神碧霞元君而扬名四方。浮丘山不仅文物古迹荟萃，而且地理形势优胜，它所焕发的魅力，吸引着远近游人，四时不绝于道。

　　然而，通过笔者现场调研勘察发现，浮丘山游览区的现状存在很多的问题。首先，沿着上山路走到浮丘山顶，参观完之后需要原路返回，没有一条贯通的闭合的游览回路，严重影响到了游者的心情。其次，浮丘山上的主要节点是城隍庙、烈士陵园以及碧霞宫等，但是当地并没有能够从节点本身的特色出发，而且对宗教文化的宣传力度没有做到位。再次，浮丘山上的景观节点建造，以及一些基础设施的配备尚不完善。最后，浮丘山上缺少一些观景平台以及民俗文化展示的活动场地。因此，为了保证浮丘山游览区的有效利用和可持续发展，必须要重塑浮丘山游览区（图 5-58），变静态的、未充分开发的浮丘山游览区为可持续发展的历史城区，从而实现浚县古城墙片区的"活态共生"。

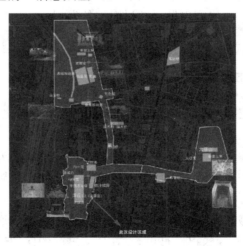

图 5-58　设计范围

　　结合现状，笔者提出了浮丘山保护与活态更新策略。第一，由城隍庙、碧霞宫、烈士陵园本身的特色出发，创造世俗信仰、世俗文化、世俗经济的互动共生。重新梳理烈士陵并在前端建立烈士陵园纪念馆，在浮丘山顶加建宗教文化交流中心，并和原有祭祀坑、广场、戏台、碧霞宫进行相应融合。第二，打通道路，建立浏览回路，增加观赏趣味性。对上山路加入景观节点，并开辟新的下山路，打造游览回路。第三，多种方式展示城隍庙、碧霞宫、烈士陵园等相关的历史信息。优化民俗展示活动场地，开展表演和体验性的民俗活动。由演绎"庙与市的互动"激发浮丘山历史城区的活力，形成新的城隍庙信仰。第四，节选伾浮路西路段进行改造提升设计，对传统街道进行优化，提供新的参观体验形式，并调整街区内商业类型，提高土地利用价值，并能够融入现代文化商业街的理念，以消费的方式带动文化的传播，以文化的传播提升街区的品质，同时以宗教文化为催化剂，把不同体量、不同内容的消费空间编制在一起。

此外，保留有重大意义的建筑要素和历史片段，并将其融入城市发展的新结构中，以传承地区的历史特征，在新的城市文脉中唤起人们对传统历史文化的记忆。浚县古城的更新改造中，我们拟从功能布局，建筑改造模式，场地设计三个方面通过类型学的分析进行规划设计，以此物质和文化两方面的历史内涵在街区的改造设计中能更好的结合和完整的体现。

当今规划和建筑日渐朝着大尺度趋势发展，产生人性化和可识别性缺失的隐忧：大尺度能适应现代多样功能，却缺少丰富性与多样性；传统的小尺度是亲切宜人的，但不能满足现代功能的需求和发展的需要——所以我们的设计试图从小尺度出发，探讨旧城的发展，望建构当地现有形式下的改造模式。

二、延续城市肌理

空间格局是空间要素（河道、街巷、院落等）的等级体系与组织方式，是易于辨识的空间序列，是城市特色的物质载体。空间格局的构建应充分延续城市肌理，保留历史城区的整体风貌。通过空间序列的改造，尊重传统的城市肌理，使古城墙历史城区的历史有机延续，达到新旧城区有机融合、活态共生的目标。

古城墙历史城区内东西大街与南北大街的传统十字形格局得到了保留（图5-59），但是多数建筑已经过更新。在历史城区的保护过程中，保留东西、南北大街的中轴线布局，周边建筑在高度以及造型上严格控制，强化轴线的空间格局。依托东西大街的轴线布局，保留并强化原有的商业功能，延续传统商业步行街格局。在浚县古城墙历史城区保护过程中，对片区内现存的多条传统街道，如菜园街、辛庄街、纸坊街、南山街，保留原来的尺度，保持老街的生活气息，还原古城道路肌理，把机动交通疏散到老城区以外，内部的街巷道路主要是供居民日常生活和外来人参观旅游的场所。

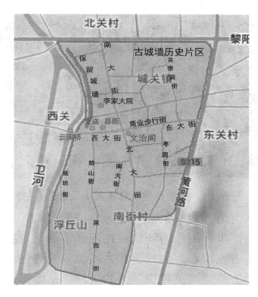

图 5-59　古城墙片区道路格局

（一）街道优化设计

浮丘山脚下的伾浮路街区两边已被当地居民改造成仿古建筑，形式较为单一，街道尺度较大，原有肌理丧失（图 5-60）。

图 5-60　伾浮路街区现状

因此，设计希望通过给街道植入一组装置，来缩小空间尺度，并将两侧建筑局部连接，使得街道两侧形同两只手（图 5-61），相互交织在一块，以新的建造形式给人们带来丰富的空间感受，为街区文化的展示传播提供更多的可能性。装置的形式由传统木结构及大屋顶演变为现代形式，同时街道旁的枯树移植到街道尽端，跟地面形成一定角度，给人以沧桑感，作为由街区消费区到山腰处广场、烈士陵园的转折。

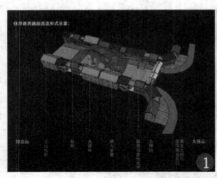

① 街区改造后效果
② 街区植入装置

图 5-61　街道改造示意（右）及效果（左）

设计意图将该街道改造成集文化娱乐、商业餐饮和文化博览于一体的文化步行街。并以该步行街作为新旅游路线和古城墙及护城河景观节点之间的有效联系，使古城中心、步行街和古城墙景观带三者联系成为统一的有机整体，繁荣经济的同时更吸引了人的关注，从而形成一个活态的、与人共生的历史城区。

（二）游览路的优化设计

浮丘山上山路存在着很多弊端，没有一条完善的参观回路，游览者沿上山路一直向上走到位于顶端的碧霞宫，待参观完之后还需原路返回，在一定程度上影响了游客的心情。同时现有上山路两边没有景观节点，也缺少一些观景平台以及凝思空间，使得上山路景观乏味无趣。

因此设计对游览流线做了优化，打通了一条参展环路（图 5-62），减少了回头路对游客参观感受的影响。同时在上山路上做了简单的片墙和平台的多形式组合，亦在为人们提供一个凝思、观景（图 5-63）的别样空间。

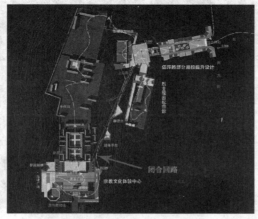

图 5-62　浮丘山游览闭合回路

图 5-63　上山路观景平台

三、对话新旧建筑

（一）烈士陵园纪念馆

浮丘山半山腰上现存的烈士陵园（图 5-64）缺少纪念的氛围，不能够更好的为人们提供一个了解陵园背景的地方，也不能够更全面的了解烈士们的英勇事迹，因此我们对烈士陵园进行了改造设计。

图 5-64　烈士陵园现状

在不破坏原有墓区、墓碑等其他现状的基础上，设计对半山腰处的传统烈士陵园进行改造加建设计，在陵园的北侧加入烈士陵园纪念馆，纪念馆由纯粹的几何形体，由当地传统建筑及碉楼形式演变而来，人们通过长长的廊道到达入口（图 5-65），挡在身前的是一片悬浮的主题墙面，墙面背后是极为庄重宁静的祭场，通过悬浮墙下边的水面隐隐约约的反射到人的视线里。进入纪念馆门厅，前面是一个枯山水内庭院，转而到达接待区、展厅等，斜插的几何形体将光线以别致的形式引入展厅（图 5-66），给人以不同的空间感受，塑造极为宁静的展览氛围。

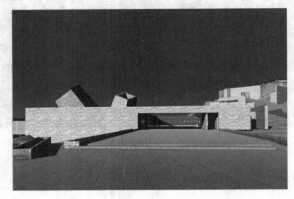

图 5-65　烈士陵园纪念馆入口

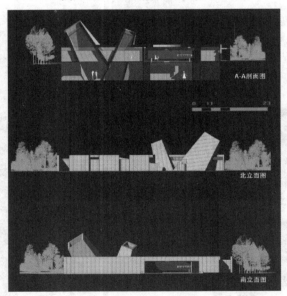

图 5-66　展厅剖面及立面

　　参观完纪念馆之后人们从入口处的水面下方走出，心灵再一次接受洗涤，秩序感极强的黑色柱子透露出一股不可侵犯的庄严，视线的遮挡让人感觉进入了另一个完全不同的世界，之后人们又可以通过右侧空灵的展廊到达墓区，此时视野也变得开阔，消除了人们的压抑感，进而参观人员怀着一颗醒悟之心悼念先人。

　　（二）冥思厅室内设计

　　浚县冥思厅（图 5-67）位于烈士陵园纪念馆的内部，主要为了纪念抗日战争和解放战争时期浚县一带为国捐躯的烈士。在冥思厅里，棱角分明的砖墙和坚硬的石子铺地，以及厅内长明的火炬台，另外再加上阳光从斜向的锥形盒子顶部倾泻而下，打在冥思厅的墙面上，形成了比较有韵律感的光影效果，为后人参观的时候营造了庄严肃穆的氛围，更能表达人们对战争冤魂的哀思。

图 5-67　冥思厅室内效果

冥思厅设在烈士陵园纪念馆，使得人们沉痛的情感得以升华。冥思厅的室内空间有意设计得非常黑暗，参观者可以将手中的蜡烛点燃，黑暗的环境里零星地散布着烛光，相对而立的砖石墙面与烛光互相影射，无限延伸，寄托着人们无限的遐思。另外冥思厅的石墙上题写着纪念的诗句，恰如其分地表达了人们对烈士们的深切缅怀和哀悼之情。

（三）宗教文化体验中心

宗教文化体验中心（图5-68）位于山顶，以碧霞宫为依托、以宗教文物为主要展示对象的中等规模体验馆，除展示外还包含讲经、佛教文献阅览等功能。在其生成方式上，因考虑到充分尊重戏台、广场等老建筑，遂将体验中心置于山腰，采用与碧霞宫一样的肌理。

图 5-68　宗教文化体验中心效果

设计将烈士陵园纪念馆、上山路及体验中心、老戏台等划定到一条轴线上，并在轴线末端设置了祭拜厅（图5-69）：在内放置佛像（图5-70），祭拜厅只在一侧边开窗，光线从佛像的侧面打入，渲染出极强的宗教氛围。同时亦将体验中心和原有祭祀坑结合，让人祭拜之后通过楼梯，从一个极大、原有的枯山水大坑地表面下走出，给人更加强烈的震撼，之后人们再次拾级而上，从水面走出，经过水面静谧的洗礼，到达山顶广场，感受敞开的山顶风光。

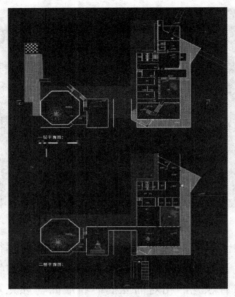

图 5-69　体验中心平面

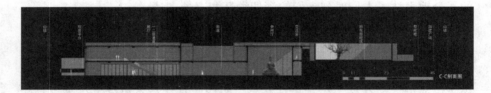

图 5-70　宗教文化体验中心剖面

设计保持了碧霞宫前原有广场，并对其加以优化，在地下及局部加建了宗教文化体验中心，以现代手法展示宗教文化，满足碧霞宫发展带来的需求，并将体验中心材质肌理等尽量按照碧霞宫、千佛洞等文物建筑进行修建，同时将原有祭祀坑并入作为体验中心的一部分，在出口处以水面相盖，给人以精神的洗涤。在广场末端、原有祭场处修建大型台阶，加入祭奠柱等景观元素，强化人的心里感受。

小结

　　"南京到北京，比不上浚县城"。浚县作为具有独特历史科学价值的文化名城，城墙是浚县历史发展中不可替代的城市印记，浚县城市的发展已有 7000 多年历史，隋、唐时期的城市记忆很难寻觅，唯有留迄至今的古城墙、护城河、黎阳仓及民居形式等各具特色，在古城中大放异彩，但在面对璀璨历史遗存的同时，也发现浚县的保护由于受到多方面因素影响并不尽人意。

　　各大学者认为历史城区的空间格局、景观风貌、建筑遗存以及其他构筑物与环境设施的遗存等，能够充分地展现当地的地域特色，并具有其独特的历史价值和科学价值，值得保护更新；可是当地居民往往更关注拆迁带来的利益，对于改善自身生活环境则想着依靠政府的帮助，在改造的过程中，居民积极参与关乎自身利益的活动，对于公众利益一般比较漠视，对于历史城区的保护意识更是薄弱，政府在历史城区改造这方面也陷入两难的局面。

　　然而，"活态"的引入正是以浚县古城墙片区的整体保护为前提，构建遗址公园，延续城市肌理，传承民俗民风，变静态的、未开发的历史城区为可持续发展的历史城区，成为具有鲜活生命的城市传统生活的一部分。通过对浚县古城墙片区的研究和实践，可以看到对历史城区的保护必须坚持地域性保护和可持续性发展利用的原则，把静态的保护转变成对历史城区的动态保护，激活当地的活力发展要素，进而充分地展现其科学价值。历史城区的保护是一个复杂的系统工程，一个地区无法照搬其他地区的成功模式，但"活态"保护的尝试，对我国其他中小城镇历史城区的保护应有启示及借鉴意义。

参考文献

[1] 史蒂文·迪耶斯德尔等. 城市历史街区的复兴 [M]. 北京：中国建筑工业出版社，2015.

[2] 周俭，陆晓蔚. 历史城区的保护方式 [J]. 中国名城，2009，4：32—35.

[3] 河南省浚县古城保护与旅游发展总体规划（2012—2025），2012.

[4] 王更生. 历史地段旧建筑改造再利用 [D]. 天津：天津大学，2003.

[5] 董卫. 城市更新中的历史遗产保护 [J]. 建筑师，2000，6：31—37.

[6] 王景慧历史文化名城保护理论与规划 [M]. 上海：同济大学出版社，1999.

[7] 中华人民共和国文物保护法.

[8] 吴志强等. 城市规划原理（第四版）[M]. 北京：中国建筑工业出版社，2010.

[9] 关于历史古迹修复的雅典宪章（The Athens Charter for the Restoration of Historic Monuments，1931）英文版.

[10] 雅典宪章（Charter of Athens，1933）英文版.

[11] 威尼斯宪章（The Venice Charter，1964）英文版.

[12] 内罗毕建议（即《关于历史地区的保护及其当代作用的建议》，Recommendation Concerning the Safeguarding and Contemporary Role of Historic Areas，1976）英文版.

[13] 华盛顿宪章（Charter for the Conservation of Historic Towns and Urban Areas）英文版.

[14] 赵长庚. 历史文化名城和名区的一些规划问题 [J]. 重庆建筑工程学院学报，1985（3）：1—8.

[15] 马丁穆斯塔著德意志民主共和国保护文物建筑和历史地段的原则[J]. 陈志华译. 世界建筑，1985（3）：68—69.

[16] 建设部，国家文物局. 历史文化名城保护规划编制要求.

[17] 荆瑰.北京市限期完成 25 片历史文化街区保护规划 [J].城市规划通讯,1998(20):4.

[18] 李其荣.城市规划与历史文化保护 [M].南京:东南大学出版社,2003.

[19] 单霁翔."从大拆大建式旧城改造"到"历史城区整体保护"——探讨历史城区保护的科学途径与有机秩序(中)[J].文物,2006,6:36—48.

[20] 黄凌江.历史街区外部空间形成模式研究 [D].武汉:武汉大学,2005.

[21] 朱文龙.西安老城历史街区的保护与更新研究 [D].西安:西安建筑科技大学,2006.

[22] 李晨."历史文化街区"相关概念的生成、解读与辨析 [J].规划师,2011(4)27:100—103.

[23] 朱瑜葱.城市历史地段空间结构更新研究 [D].西安:长安大学,2010.

[24] 张庭伟.转型期间中国规划师的三重身份及职业道德问题 [J].城市规划,2004,28(3):66—72.

[25] 苗阳.建筑更新之研究 [D].上海:同济大学,2000.

[26]《雅典宪章》(清华大学营建学系译),北京,1951.

[27] 张旖旎.历史文化街区内建筑更新设计方法的研究 [D].西安:西安建筑科技大学,2007.

[28] 袁泉.苏州历史街区内建筑保护与更新研究 [D].上海:上海交通大学,2009.

[29] 陆地.建筑的死与生——历史性建筑再利用研究 [M].南京:东南大学出版社,2004.

[30] 第二届历史古迹建筑师及技师国际会议,国际古迹保护与修复宪章,第五节.

[31] 汪芳等.城市历史地段保护更新的"活态博物馆"理念探讨 [J].华中建筑,2010(5):159—162.

[32] 吴琳 . 城市中心历史街区"活化"保护规划研究 [J]. 现代城市研究，2012.

[33] 宋晓龙，等 . "微循环式"保护与更新 [J]，2000（11）.

[34] 中华人民共和国建设部历史文化名城保护规划规范 [EB/OL]. 北京：中国建筑工业出版社，2005.

[35] 张晓荣 . 西安周边地区小城镇的历史保护规划研究 [D]. 西安：西安建筑科技大学，2007：85—87.

[36] 方可 . 当代北京旧城更新——调查 . 研究 . 探索 [M]. 中国建筑工业出版社，2000.

[37] 欧雷 . 浅析传统院落空间 [J]. 四川建筑科学研究，2005（5）.

[38] 李允鉌 . 华夏意匠 [M]. 中国香港：香港广角镜出版社，1984.

[39] 高长征等 . 浚县古城墙片区特色调查及更新策略研究 [J]. 华北水利水电学院学报，2013，10（34）.

[40] 彭一刚 . 建筑空间组合论 [M]. 北京：中国建筑工业出版社，1998.

[41] 曾坚等 . 传统观念和文化趋同的对策——中国现代建筑家研究之二 [J]. 建筑师，1998（8）.

[42] 常怀生 . 环境心理学与室内设计 [M]. 北京：中国建筑工业出版社，2000.

[43] 浚县地方史志编纂委员会 . 浚县志 [M]. 郑州：中州古籍出版，2001.

[44] 张驭寰 . 中国古代县城规划图详解 [M]. 北京：科学出版社，2007.

[45] 侯幼彬 . 中国建筑史图说 [M]. 北京：中国建筑工业出版社，2002.

[46] 黄鸿山 . 清代慈善组织中的国家与社会 [J]. 社会学研究，2007（4）：52.

[47] 万朝林 . 清代育婴堂的经营实态探析 [J]. 社会科学研究，2003（3）：114.

[48] 张岩 . 论清代常平仓与相关类仓之关系 [J]. 中国社会经济史研究，1998（4）：52.

[49] 张强 . 关帝庙建筑的布局及其空间形态分析 [D]. 太原理工大学，2006：31—34.

[50]《浚县历史文化名城保护规划（2012—2030）》.

[51] 吴国强等 . 历史街区调查方法初探 [J] . 东南大学学报：哲学社会科学版，2006（S1）：171 — 173，299.

[52] 刘昱 . 皖北传统建筑风格与构造特征初探———以亳州北关历史街区为例［J］. 合肥工业大学学报：社会科学版，2011（5）：154—157.

[53] 何婷 . 城墙遗址保护中的展示研究 [D]. 西安：西安建筑科技大学，2009.

[54] 赵倩 . 浚县老城区空间格局整体性保护研究 [D]. 郑州：郑州大学，2010.

[55] 张晓荣 . 西安周边地区小城镇的历史保护规划研究 [D]. 西安：西安建筑科技大学，2007：83—84.

后 记

人做一件事情，一般来说跟自己的经历有很大关系。

2007年，我到华北水利水电大学参加工作，受建筑学院教师团队对历史街区研究的影响，也加入其中，并对其产生了很浓厚的兴趣，在一次带领学生对古城的认识调查中，发现了浚县这座河南唯一一个县级历史文化名城的独特魅力，便与此结缘，先后关注近十年。

在经过一个漫长的过程后，尽管自己觉得还存在一些问题，最终还是决定将这本书交给出版社。书中的观点，一方面来自作者的教学体会，另一方面来自于建筑设计的工程实践。在这本书的写作过程中，对自己在书里想阐述什么也进行了一些思考。

第一，在国内外对历史城区及其相关概念的研究基础上，分析了我国历史城区内建筑现存的问题及所面临的危机，试图提出建筑保护更新的紧迫性。

第二，结合部分国内外优秀建筑更新保护的案例，介绍了当前形势下建筑更新保护中应用较多的理论和方法，试图运用这些方法将历史建筑保存下来，传承下去，保护和传承历史建筑遗产，就是守护社会和民族过去的辉煌、今天的资源、未来的希望。

第三，以浚县古城历史城区为例，从历史文化传承的角度出发，对浚县古城历史城区内建筑的更新和改造提出了保留、修缮、更新、新建等方法策略，以期达到新老对话、古今共融，只有较好地处理了"古与今"的关系，才能使历史城区在发展中得到保护，在保护中得到发展。

以上三个目的，也是自己今后要继续努力的目标。

呈拙之际，有几个感谢。

第一，感谢自己所经历的教学工作实践，感谢在华北水利水电大学的同事们，在本书编写过程中，张新中院长、张少伟副院长、李红光主任等领导给予许多关心，同事们营造了良好的环境。其实，历史街区作为人类的巨大成就，应该作为素质教育中一项很实在的内容。在此，特别感谢卢玫珺老师。

第二，感谢鹤壁市城市规划管理局程宏杰先生、尹军涛先生，浚县住房和城乡建设局魏永祥局长、赵文明局长、耿文峰总规划师，在每次的调研中给予我们积极的帮助，让我们也有了很多第一手的文献资料，是他们为我们提供了这一研究的理想之地。

第三，感谢匠人规划建筑设计股份有限公司河南公司综合研究所的同事们，在做具体规划项目时，自始至终我们都是紧密合作的伙伴，他们任劳任怨的工作态度令我钦佩，特别是宋涵冰、刘献涛、卢宏伟、张月丽、郑昕煜、常晓婷、韩奎等几位工程师，一段时间来我们共同协作，苦乐与共。

浚县古城已有7000多年历史，隋、唐时期的城市记忆很难寻觅，唯有保留至今的古城墙、护城河、云溪桥及民居形式等各具特色，它们在古城中大放异彩，但在面对璀璨历史遗存的同时，也需要积极开展民间交流，宣传并推广当地非物质文化遗产，比如社会文化和庙会文化，以唤起更多民众的保护意识和参与热情。在传承民俗民风的过程中，特别是让更多的当地年轻人参与进来，不断推陈出新，对非物质遗产价值进行提炼，做到结合街区街巷，融入现代生活，增强古城活力。所以，我还要感谢这一群人，即众多参与保护历史片区工作的志愿者。他们完全出于对民族建筑遗产的热爱，奉献大量时间、精力去呼吁、去推动，他们的精神对我们是一种极大的激励。历史街区的保护是大家的事情，要全民参与才有希望，也才可能实现。

最后，此书得到了2014年度河南省教育厅人文社会科学研究项目资助（2014—zd—031），在此非常感谢！本书内容源自平日里的工作积累，但是没有哪项工作是我能自己独立完成的，肯定要借鉴前人的成果，特别是关于历史街区理论研究，要仰仗同行的协助，要依赖团队合作。

再次重复一下本书的三个关键词：保护、传承、共融。